知识就在得到

科学思考者

TO BE A
SCIENTIFIC
THINKER

万维钢 / 著

新 星 出 版 社　NEW STAR PRESS

图书在版编目（CIP）数据

科学思考者 / 万维钢著 . -- 北京：新星出版社，2022.1
（2022.5 重印）
ISBN 978-7-5133-4699-3

Ⅰ . ①科… Ⅱ . ①万… Ⅲ . ①科学思维－通俗读物
Ⅳ . ① B804-49

中国版本图书馆 CIP 数据核字（2021）第 202270 号

科学思考者

万维钢　著

责任编辑：白华昭
策划编辑：张慧哲　师丽媛
营销编辑：吴雨靖　wuyujing@luojilab.com
封面设计：李　岩　柏拉图
版式设计：靳　冉
责任印制：李珊珊

出版发行：新星出版社
出 版 人：马汝军
社　　址：北京市西城区车公庄大街丙 3 号楼　100044
网　　址：www.newstarpress.com
电　　话：010-88310888
传　　真：010-65270449
法律顾问：北京市岳成律师事务所

读者服务：400-0526000　service@luojilab.com
邮购地址：北京市朝阳区华贸商务楼 20 号楼　100025

印　　刷：北京盛通印刷股份有限公司
开　　本：787mm×1092mm　1/32
印　　张：12.25
字　　数：175 千字
版　　次：2022 年 1 月第一版　2022 年 5 月第二次印刷
书　　号：ISBN 978-7-5133-4699-3
定　　价：69.00 元

问题不在于强尼不会阅读。问题
甚至不在于强尼不会思考。问题
是强尼不知道什么是思考，他把
思考和感觉混淆了。

——托马斯·索维尔

相信那些寻找真理的人，怀疑那
些宣称自己已经找到真理的人。

——安德烈·纪德

总序　写给天下通才

感谢你拿起这本书，我希望你是一个通才。我对你有一个特别大的设想。

我设想，如果你不满足于仅仅靠某一项专业技能谋生，不想做个"工具人"；如果你想做一个对自己的命运有掌控力的、自由的人，一个博弈者，一个决策者；如果你想要对世界负点责任，要做一个给自己和别人拿主意的"士"，我希望能帮助你。

怎么成为这样的人？一般的建议是读古代经典。古代经典的本质是写给贵族的书，像中国的"六艺"、古罗马的"七艺"，说的都是自由技艺，都是塑造完整的人，不像现在标准化的教育都是为了训练"有用的人才"。经典是应该读，但是那远远不够。

今天的世界比经典时代要复杂得多，今天学者们的思想比古代经典要先进得多。现在我们有很成熟的信息和决策分析方法，而古人连概率都不懂。博弈论都已经如此发达了，你不能还捧着一本《孙子兵法》就以为可以横扫一切权谋。我主张你读新书，学新思想。经典最厉害的时代，是它们还是新书的时代。

就现在我所知道的而言，我认为你至少应该拥有如下这些见识——

对我们这个世界的基本认识，科学家对宇宙和大自然的最新理解；

对"人"的基本认识，科学使用大脑，控制

情绪；

社会是怎么运行的，个人与个人、利益集团与利益集团之间如何互动；

能理解复杂事物，而不仅仅是执行算法和走流程；

一定的抽象思维和逻辑运算能力；

掌握多个思维模型，遇到新旧难题都有办法；

一套高级的价值观；

……

你需要成为一个通才。普通人才不需要了解这些，埋头把自己的工作做好就行，但是你不想当普通人才。君子不器，劳心者治人，君子之道鲜矣，你得把头脑变复杂，你得什么都懂才好。你不能指望读一两本书就变成通才，你得读很多书，做很多事，有很多领悟才行。

我能帮助你的，是这一套小书。我是一个科学作家，在得到 App 写一个叫作"精英日课"的专栏,这个专栏专门追踪新思想。有时候我随时看到有意思的新书、有意思的思想就写几期课程;有时候我做大量调研,写成一个专题。这套书脱胎于专栏,内容经过了超过十万读者的淬炼,书中还有读者和我的问答互动。

通才并不是对什么东西都略知一二的人,不是只知道各个门派的趣闻轶事的人,而是能综合运用各个门派的武功心法的人。这些书并不是某个学科知识的"简易读本",我的目的不是让你简单知道,而是让你领会其中的门道。当然你作为非专业人士不可能去求解爱因斯坦引力场方程,但是你至少能领略到相对论的纯正的美,而不是卡通化、儿童化的东西。

这些书不是长篇小说,但我仍然希望你能因为体会到其中某个思想、跟某一位英雄人物共鸣,而产生惊心动魄的感觉。

我们幸运地生活在科技和思想高度发达的现代世界,能轻易接触到第一流的智慧,我们拥有比古人好得多的学习条件。这一代的中国人应该出很多了不起的人物才对，如果你是其中一员，那是我最大的荣幸。

万维钢

2020 年 5 月 7 日

目录 CONTENTS

1. 谁需要思考　001

017　2. 别指望奇迹

3. 满腔热忱，一厢情愿　031

046　4. 圈里的人和组合的人

5. 人生不是戏　061

075　6. 我们是复杂的，他们是简单的

7. 批判的起点是智识的诚实　089

103　8. 立场、事实和观点

9. 语言、换位和妥协　120

133　10. 怎样用真相误导

11. 三个信念和一个愿望　150

167　12. 奥卡姆剃刀

13. 我们为什么相信科学　183

14. 演绎法和归纳法 202

216 15. 科学结论的程序正义

16. 优秀表现需要综合了解 229

248 17. 生活中的观察和假设

18. 拒绝现状，大胆实验 261

272 19. 公平和正义的难题

20. 怎样从固定事实推测真相 290

307 21. 神来之类比

22. 两条歧路和一个心法 319

331 番外篇 1: 贝叶斯方法

番外篇 2: 能用愚蠢解释的，就不要用恶意 343

354 番外篇 3: 叙事的较量

注释 366

1. 谁需要思考

你思考吗？你不一定思考。而且你不一定需要思考。

这是一本关于"如何科学思考"的书。在讲科学思考之前，咱们先说说什么是思考。我对思考这个行为有三个判断，可能会出乎一般人的预料。

***

第一，人在大部分时候都不思考。

我要是不读书不写文章，每天思考大概不超过五次。如果你已经知道一件事是怎么回事儿和该怎么做，你就不需要思考它。有问题，不明白，想改变，才需要思考。

绝大多数人每天都在过着按部就班、循规蹈矩的生活。吃什么早饭需要思考吗？上班坐什么车需要思考吗？不需要。工作都是该干什么干什么，走走流程就是一天，越熟练越无须思考。晚上想看个电视剧，这个片儿你不喜欢那个片儿你喜欢，于是你选择了喜欢的那个，这叫思考吗？这叫本能。

人只要有趋利避害的基本能力，知道什么是好什么是坏，最好还有点道德感，就足以应付绝大多数事情而不必思考。

其实大多数人都不怎么思考。包括有些专业人士、老教授、老领导，你去听他们谈一谈国家大事也好，身边小事也好，可能会发现他们的见识惊人地浅薄。他们有时候会为一些特别小的事想不开，对非常简单的事判断错误，但是他们的日子过得很不错。

***

这就引出了我的第二个判断，不思考也没关系。

现在"非理性"这个词非常流行。有些作者爱说人是非理性的，说我们一定要用理性去克服非理性，要明智思考、科学决策……在我看来，这都是过度营销。事实是人在日常工作、生活中是相当理性的。

以前有些思想家认为普通人是容易被煽动、被欺骗的，是乌合之众——其实这是个错误的认识。认知科学家雨果·梅西耶（Hugo Mercier）[1]考察了真实历史事件和最新科学研究，发现普通人根本不容易被骗。特别是在面对利益攸关的日常生活时，人更是精明得很。有时候人们做出一些看似迷信的行为，那也不是非理性的，你仔细分析就会发现，那其实是他们在当时条件下的最优选择。

"人都是非理性的"，不符合生物演化的要求。其实你只要诚实地想想就知道：如果人都是非理性的，为什么那么多人都不读书、没学过什么"批判性思维"，日子过得也挺好呢？

大部分人不思考并不是因为不爱思考，而是因为不需要思考。如果上级和长辈让你干啥你就老老实实干啥，兢兢业业干好就能升职加薪，你何必思考呢？

思考是一个非常难的事，科学思考的学习曲线相当漫长，最可怕的是这门功夫未必能给你带来多少效用。

我很爱思考。不是因为思考对我很有用，而是因为我感到思考有乐趣，而且我强烈希望自己"正确"。这不是为了在辩论中抬杠，如果我错了我愿意承认，但是我希望知道怎么才能对。

而正因为练这门功夫的人太少了，如果你能练成，你就会拥有超出一般的眼光、理解力和判断力。你不会时常在人前露一手这门功夫，但是它总会让你在私下感觉很好。

***

我的第三个判断是人有时候真的需要思考。

莫泊桑有篇小说叫《项链》。女主人公玛蒂尔德家境一般，一个偶然的机会，她要去参加一个高端的晚会。为了出风头，玛蒂尔德跟人借了一条项链，这条项链让她大放异彩，结果却丢了。为了赔偿项链，玛蒂尔德和丈夫辛苦工作了整整十年，最后却得知原来那条项链是假的。

有人说小说讽刺了小资产阶级爱慕虚荣，我看根本谈不上。玛蒂尔德的可悲之处并不在于借项链，更不在于为了赔偿项链而辛苦工作——赔偿这个行为其实很了不起——而在于她在下决心赔偿之前，没有先思考一番。她原本应该先把事情搞清楚再说。

在平时的生活中，玛蒂尔德也许是个非常精明的人，但是高端晚会和假项链超出了她的日常经验。

面对陌生的局面和不熟悉的事物，你需要思考。

对有些爱折腾、敢博弈、喜欢自作主张的人来说，几乎每天都是陌生的局面，他们必须会思考。然而现代社会的精细分工使得大多数人不会经常面对这种需要思考的事。他们可以不思考，但代价是一旦从自己的舒适区走出来，就可能像玛蒂尔德那样遇到危险。

对不思考的人来说，外面的世界充满危险。这就是为什么他们日子可能过得挺好，思想却非常保守。他们不适合出来。

***

如果不打算死守自己的一亩三分地，你就需要学习一点科学思考。为了说明现代世界是怎么回事儿，我先给你出四道思考题，它们都代表真实世界中的事情——

• 聂卫平说，中国足球运动员之所以踢不好球，是因为在场上缺少大局观，他们应该学习下围棋，因为围棋能提高大局观。

• 著名学者王小东炮轰国足，说国足就算回回拿世界杯，贡献也比不上北大清华的任何一个系，而现在的贡献则是负数。

• 你的一位亲友在例行体检中被查出了脑动脉瘤，医生建议手术。

• 你身体很好，唯一的问题是胆固醇偏高，医生给你开了某种他汀类的降胆固醇药。[2]

请问你如何思考?

***

聂卫平和王小东说的,我建议你先忽略,因为中国足球怎么搞与你无关。思考力应该优先用在跟自己有关系的事上,对无关的事少说话,是靠谱的人该有的气质。

脑动脉瘤有可能导致脑血管破裂,一旦破裂就可能是个大事儿,所以的确有的医生会建议患者立即做手术。但是为了不犯玛蒂尔德的错误,你最好先把事情搞清楚。你要是思考的话,有三个事实值得你了解——

第一,健康人群中也有 2% 的人有脑动脉瘤。他们毫无症状,感觉良好,要是不体检根本不知道自己有。

第二,有研究做过专门的统计,一个没出过血的脑动脉瘤,如果栓块比较小,未来的发病率只有 0.05%。

第三,一切手术都有风险,脑部手术的风险尤其大。

说白了,脑动脉瘤是个常见现象,不做手术发病率也很低,做手术的风险却很大。那你还会建议你的亲友听医生的去做手术吗?

再说胆固醇。高胆固醇的确会增加你得心血管疾病的风险。你要是思考的话,有四个事实需要了解——

第一,高胆固醇之外,还有很多因素也会增加心血管疾病的风险,比如吸烟和饮食。

第二,他汀类药物的确能降低人们死于心血管疾病的风险,但是效果有限。研究表明,他汀类药物能把心血管疾病的死亡率从 4.4% 下降到 3.4%。

第三,对于没有心血管疾病发病史的、健康的人群来说,服用他汀类药物与否,对死亡率毫无影响。

第四,他汀类药物有副作用,会导致头痛、恶心、皮疹、肌肉酸痛,甚至可能让人再也不能做跑步、跳舞和游泳这些事情。

那如果你身上除了胆固醇高没别的毛病,你会服药吗？

如果你对这两个医学问题的回答都是否定的，我相信你作出了正确的判断。但是你一定会有个疑问：医生为什么不给我们提供正确的建议，却非得让我们做手术和服药呢？这就涉及真实世界的运行情况了。

医生并没有故意骗你，他可能不知道我们刚才说的那几个事实。他可能从开始行医到现在一直都是这么给人治病的，而有些研究刚刚完成，他没读过那些论文。医生的知识系统不是自动更新的。他也可能听说过那些研究但是不认可，毕竟研究结果不是金科玉律，还得慢慢取得共识。

他也可能只是想对你做点什么，不然体现不出医生的作用。这个现象叫"过度医疗"，是当今医学界的一个顽疾。英国四十五岁以上的人，每三个人中就有一个在服用他汀类药物，难道他们都是病人吗？你想想这是一件多么严重的事情，有识之士在呼吁，但是暂时改变不了。

不管你对这两个医学问题有什么判断，一旦离开舒适区，你会发现到处都是这种互相矛盾的声音。

我想说的是：别恐慌！我们所处的不是一个骗子世界，那些人是出于种种原因才有了各种各样的观点和做法，但不是为了骗你。如果大部分人都是骗子、大部分信息都是假的，我们就没法思考了。但这也不是一个和谐又完美的世界，很多宣传都是误导，很多人是在真诚地做着傻事。如果每个医生、每个专业人士都给你提供正确的建议，你就不需要自己思考了。

我们这是个什么世界呢？是一个充满了争论，充满了博弈，有各种系统性的偏差，比较均衡，但是又不充分均衡的世界[3]。

庖丁解牛的高境界是目无全牛。在科学思考者眼中，这是一个支离破碎的世界。

正因为世界是这样的，你才需要思考，也可以思考。

***

具体问题总是需要具体分析，我们只能讲一些思考的一般方法。我们会讲到"批判性思维"和"科学方法"，我理解这些方法有两个作用。

对于一件具体的事情，比如说这次职位调动，为什么老张升职了你却没有？我希望你能学会拆解其中的因果关系，别钻牛角尖。对于一个一般的规律，比如说胆固醇高对心血管疾病到底有多大影响，应该怎么办？我希望你能学会如何寻找好的答案。

归根结底，我们思考是为了明辨是非。明辨是非需要智慧，更需要勇气。大多数人都是在生活中低头走流程，在网上大声说傻话；我希望我们在生活中敢抬头四处看看，在网上说负责任的话。

战国时代的《中庸》对读书人要求"博学之，审问之，慎思之，明辨之，笃行之"，结果很多读书人连第一项"博学之"都没做到，只能叫"学之"。考科举考上个"公务员"，大多也只是办事员而已，学了又能笃行，就是好孩子。

那审问呢？慎思呢？明辨呢？是非都得是上面的人告诉的吗？自己不可以判断吗？我希望咱们有点气魄，要学别光学圣贤的教导，应该学圣贤的全套。

如果你愿意下功夫，我们这本书的安排是先让你脱胎，再让你换骨。

我会先打击你，给你做减法，把你身上的普通人思维都破除掉，把你变成一个无比谦卑的人，再做加法。我们要先学会判断什么是错的，再去学如何寻找对的；先知道什么东西不可信，再去探索可信；先知道什么不行，再琢磨可行。

这个学习过程在技术上是先易后难，在情绪上却要先苦后甜。所以接下来，请你做好吃苦的准备。

我们从灭嗨[4]开始。

轩成：

经常参加足球这种运动，会有助于训练思考能力吗？场上形势瞬息万变，多数都是陌生局面，这种场上的不断决策是否会对人的思考能力有什么提升呢？

万维钢：

"思考能力"是一个不好测量的东西。有这个能力的人知道自己有，但我在"精英日课"专栏以前讲过"邓宁 - 克鲁格效应"，没有这个能力的人，因为他没有，他也认为自己有。

人的一般聪明程度可以用"智商"代表，智商是容易测量的，所以有大量的研究。我们专栏讲过，像下国际象棋、做数学题这些事情，都并不能真的提高人的智商。这个判断的关键在于你必须识别其中的因果关系：很多聪明人喜欢下棋，但并不是下棋让他们变聪明。

但思考和决策是跟智商不一样的能力。基思·斯坦诺维奇（Keith E. Stanovich）在《机器人叛乱》这本书中就反复说，智商高的人并不一定善于决策，聪明人经常会办傻事。事实上，就连善于在理论上作决策的人都不一定善于在生活中作决策。我们讲过一个"所罗门悖论",善于给别人出主意的人,不一定能在关键时刻给自己出个好主意。

这就让决策水平很难测量。你就算用考试的方式证明一个人很懂决策理论,也不知道他在真实生活中面临真实的问题时能不能保持理智。而你无法跟踪测量他在人生路上的决策。决策水平肯定是可以学习也可以提高的,但普通人的问题在于能演练的场景太少,少数有权力的人的问题则在于看不到真实的反馈。

你这个问题的关键是在一个领域训练出来的决策水平,能不能迁移到另一个领域中去。现在,有的心理学家,比如加拿大滑铁卢大学的社会心理学家伊格尔·格罗斯曼(Igor Grossmann),对"智慧"有一种定义,叫"明智推理"。具体来说,它涉及下面三个方面——

• 智识的谦逊。遇事不盲目下结论,知道自己的水平有限,承认事情有不确定性,能够合理评估。

• 跳出自身,用旁观者视角考察自己面对

的局面。

· 能够充分考虑他人的观点和诉求，理解他人的想法和立场，从而跟他人达成妥协。

那明智推理是通用能力还是专用能力？格罗斯曼等人的研究发现，明智推理基本上是个专用能力。格罗斯曼的结论是智慧在不同人中的差异，比每个人在不同场合下的表现差异要小。也就是说，不是说有智慧的人做什么事都有智慧，而是每个人都在某些场合表现得挺有智慧，换个场合就不行。

那么以此而论，踢足球提升的是你踢足球的智慧。我们看很多球星，在场上对踢球的决策、跟队友的配合、要冒险还是要保守的取舍都处理得很好，可是在场下面对教练、队友、记者，遇到决定转会签合同或者喝酒泡吧之类的事儿，却非常幼稚。因为场上决策和场下决策是两码事。

但这个场景区别不是绝对的，关键在于思维方式，而不是思维的内容。决策场景有很多类型。管人和管事，简单和复杂，长期和短期，快决策和慢决策，以合作为主和以竞争为主，都不一样。

比如以常理而论，部队军官要管很多人，他退役之后到哪个公司当个领导应该不成问题吧？其实不一定。

如果这支部队总打仗，在战场上真刀真枪地咬牙作过涉及生死的重大决策，需要灵活处置战术，综合判断敌情，钻研最新武器，这样的人才绝对是无价之宝。但如果这支部队从来不打仗，整天就是走形式做样子，那这样的军官可能只善于抓纪律，不一定适合市场竞争。

2. 别指望奇迹

这一节我们要破除一个普通人常有、科学思考者要十分敏感的思维模式，我称之为"奇迹思维"。这种思维相信什么好事儿都可能发生在自己身上，而且应该发生在自己身上。

有一位六十多岁的阿姨，日子过得不错，只是感情生活很平淡。有一次她在网上遇到了演员靳东，两人聊得挺好，阿姨感到自己坠入了爱河，决心跟丈夫离婚，非靳东不嫁……这件事闹得沸沸扬扬，还上了电视新闻。那个"靳东"当然是假的，但是，阿姨的可悲之处并不在于被骗，而在于她为什么居然相信靳东应该娶她呢？

千万别嘲笑这位阿姨。每个人都有追求幸福的权利，阿姨只是敢于相信奇迹，而且每个人都经常有奇迹思维。

有个童话叫《神笔马良》，说马良画什么像什么，有一天一位白胡子老人送给他一支笔，他用这支笔画什么都能变成真的……你听这个故事的时候是否想过，如果真有这样的笔，凭什么要给马良呢？

这就是奇迹思维。那支笔是个奇迹，但是人们似乎对奇迹的发生并不是很敏感，反而把注意力都放在马良拿到笔之后惹出的那些事上——殊不知，故事的后续发展都很正常，最不正常的就是马良居然能得到那样的笔。

我这可不是说这个世界不存在奇迹。有时候就是会发生奇迹，比如买彩票中了亿万大奖。我说的是人们总是不能很好地评估、鉴赏和珍惜奇迹的稀有程度。

***

比如我小时候有个人生理想，要做爱因斯坦那样的物理学家。现在我知道那是一个奇迹思维，为什么呢？因为当时的我低估了爱因斯坦的稀有程度。第一，我没调研过同龄的孩子们都在做什么，不知道世界上有很多人比我聪明得多也勤奋得多。第二，我没学过真正的物理学，不知道现代物理学有多难。第三，我不了解职业物理学家的工作日常，不知道今天的物理学界早就不是爱因斯坦那个时代的江湖，已经不会再出爱因斯坦那样的人物了。

我一问三不知，但是我非得当爱因斯坦，你要是敢阻挡我追求这个梦想，我就认为你是在压迫我……现在的我并不为此感到后悔，所幸学物理没有危险，我没当上爱因斯坦，可是物理学给了我很多。

敢想，有时候也许是对的，但是多数时候肯定是错的。那有了奇迹思维后该怎么骂醒自己呢？

关键在于，你得知道世界上的好东西是如何分布的。了解了好东西的分布，你就会意识到，首先你得不到，其次你留不住，所以你别指望。

我要借用物理学和经济学的三个定律，它们能对你起到灭嗨的作用。违反这三条定律的，就是白日梦。

***

第一个定律是"能量守恒"。

古往今来，不知道有多少聪明人想要制造一种叫作"永动机"的东西。人们设想这个东西自己就能动，而且绵绵不断地一直动下去，最好还能帮你做事。直到 1842 年荷兰科学家迈尔提出能量守恒和转换定律，才算从理论上说明白了为什么永动机这种东西不可能存在。

能量守恒是说这个世界不会凭空"多"出来一个什么东西。每一件事物都一定是从别处移动过来，或者从别的东西转化而成的。你这里多一个，别处就得少一个；你用了，别人就没有了。

能量守恒定律告诉我们好东西不会平白无故地

出现。老一辈人有很多错误的认识，但他们有一个特别朴素的观点很对，那就是你得有付出才能有回报。而考虑到能量转化过程中的损耗，回报常常会小于付出。特别好的东西需要巨大的付出。科幻小说作家说"反物质炸弹"的威力最大，可是你要知道世界上没有天然的反物质资源，科学家用加速器制造一点反物质所消耗的能量，远远大于那些反物质本身的能量。

现代人的日子之所以过得不错，我们之所以总有"非零和博弈"，是因为大自然提供了巨量的资源供我们免费使用。这儿有一棵野生果树，你摘下来果子就吃，你的回报的确是大于付出——那么你应该为此感到庆幸。而且你应该知道，好吃的、值得争取的、免费的果树，不但是有限的，而且是稀有的。

守恒定律说好东西总是稀有的。靳东和爱因斯坦是如此有名，人们觉得他们仿佛就在自己身边，而殊不知他们的机会、境遇和名望都是有限资源强烈聚合的结果，他们非常稀有。

可是像你一样的人，却不是那么稀有。稀有的东西分配到你这个不稀有的人身上，这种现象叫作"中奖"。

很多人炒股是因为感觉自己是个股神。他们亵渎了"股神守恒定律"。

第二个定律是"均衡市场假设"。这是一个假设，因为市场不是绝对均衡的——否则我们就一点机会也没有——但市场是相当均衡的。

均衡市场假设告诉我们，世界上不存在神奇到高出一般水平一大截的力量。

以前人们总爱幻想有"大侠"。这儿有个冤情，正常渠道已经无法解决了，突然一位大侠从天而降，轻松就给你摆平。现在出现一些所谓"赘婿流"小说，身份低微的主人公突然获得一项神奇能力，比如能治百病的医术，于是所向披靡，众人无不拜服。

这种剧情的不合理之处在于，如果真有这么强大的力量，它为什么要用在这种小事儿上呢？你要有那么强的医术，应该抓紧时间造福人类啊！干吗去人家姑娘家里当赘婿，过扮猪吃老虎的瘾呢？

2. 别指望奇迹 | 023

足以威胁国家机器的大侠，会管一个小人物的冤屈吗？

市场会把各种力量放在合适的位置上。所以如果你指望用一种比当前这个局面高得多、稀有得多的东西来改变这个局面，那你就是奇迹思维。

后天就要考试了，你感到复习时间不够用，心想，我要是有过目不忘的超能力就好了——那你怎么不想想，你要真有那种超能力，还会沦落到担心期中考试这种境地吗？你到时候要解决的必定是大得多也难得多的事情。这就好比别人吃不上饭，你来一句"何不食肉糜"，市场的演化不会让肉糜去解决饱腹的问题。

均衡市场假设说杀鸡用不了牛刀。人们总是用同一个水平的工具去解决同一个水平的问题，而不是用一个特别高水平的工具去解决一个低水平的问题。因为如果高水平的工具可以随便用，低水平的问题早就不存在了，不会等到让你来解决。

均衡市场假设还说，对于长期存在的问题，你通常只能做一个边际的改进，而不会一下子就比前人高明很多。工业革命是积累的结果，爱因斯坦是时代的产物，现代高科技产品放到古代都是神力，但这些东西都是一点点改进、一步步发展出来的。

为啥呢？因为别人也在想办法。解决问题，现在早就是一个社会化行为了。那么多聪明人在各个方向上不断探索，不太可能发生一个人比所有人高出一大截的情况。通常是你能改进哪怕一点点，就足以收获巨大的回报。

然而很多人就是相信有神奇力量。产品卖得不好，有人希望一个新广告能把他的萝卜卖成海参。公司面临重重困难，有人盼望来个厉害的领导力挽狂澜。看到中国存在一个问题，有人说"民主就好了"，有人说"中央要是重视就好了"，这也都是奇迹思维。

能量守恒和均衡市场假设这两个定律决定，你不太可能得到什么好东西。

第三个定律叫"热传导"，意思是热量会自动从温度高的地方向温度低的地方流动。热传导定律说就算你运气好，得到了一个好东西，你也留不住。

世界最贵的钻石价值超过五千万美元，你会幻想偶然捡到这个钻石，然后整天戴着吗？你不会的。就算你能捡到，你也会把它卖掉，因为你更需要别的东西。

这就好像在一片比较凉的地方突然出现一个特别热的东西，那它的热量就会迅速传导到凉的地方去。最后买下那颗钻石的人，不差那五千万美元——而且也不差那一颗钻石。我们常说"最需要的人没有，最有的人不需要"，热平衡会让每个人都不会太过惊喜于自己手里的东西。

有人感慨说，当年比特币还不到一美元，现在是一万美元，那我当初买上一些，现在不就发财了吗？其实不会的，他拿不住。绝大多数花一美元买到某只股票的人会在涨到十美元之前就把它卖掉。要知道十倍已经是极其稀有的回报率，没人会考虑一万倍。

那到底有没有人会不为所动，坚决不出手，就那么一直拿着呢？也许有，但他们一定是根本就不缺钱的人。他们拿住了最高的投资回报，可是这个回报对他们的人生幸福度影响很小，这笔钱不是他们想要的奇迹。

反过来说，卖钻石得到的五千万美元你也不一定能拿好。大多数中了彩票大奖的人都守不住那笔钱，他们会用愚蠢的方式把钱花掉。

***

我说的不是"别相信奇迹"，而是"别指望奇迹"。奇迹发生那是运气好，别指望，指望会让你变成令人讨厌的人。

有个英文词叫"entitlement"，大约可以翻译成"特权感"，意思是我得到的这一切都是我该得的，好东西就该归我。我感觉现在有这种情绪的人实在太多了，而这恰恰是奇迹思维的体现。有人从小家境优越，一路受到父母和众人的照顾，这本来是稀有的条件，但是他意识不到，他认为自己理所应当就应该拥有更好的。

特权感强的人做事之前会有太高的期待，别人眼中是奇迹的事儿，他以为一定会发生。然后一旦遇到挫折，他就会气急败坏。

这是一种什么心态呢？2020 年有个来自康奈尔大学和哈佛大学的研究[1]。研究者找了 162 个受试者，先测量他们的特权感指数。比如说，你要是特别赞同这句话——"我真诚地感觉到，我应该比别人获得更多"，那你就是一个特权感特别强的人。这项研究发现，对于生活中的偶然事件，特权感强的人会有一种跟别人不同的态度。

同样是因为运气不好而导致的坏结果，比如说抽签抽中去做一个很无聊的工作，正常人会认为既然纯属偶然，接受就是了。而特权感强的人却会对此很愤怒。为什么倒霉的非得是我？他拒绝接受，殊不知这就好像阿姨问："为什么靳东不爱我呢？"

而如果坏运气发生在别人身上，正常人会对此表示同情，特权感强的人则同情心比较小。他认为好运气天生就该归他，坏运气天生就该归别人……

这就是奇迹思维的可怕之处，希望能让你保持警觉。

我们所处的不是一个经常发生奇迹的世界。在这个世界里生活，我们应该经常提醒自己两件事——

第一，我赢不了。

第二，就算我偶尔赢一次，也会再输掉。

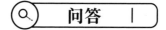

幕后玩家、七九、五味不爽：

"奇迹思维"的奇迹虽然很不现实，可是我们能抛弃它吗？人不相信奇迹，不就会失去很多优越感和自信心吗？如果在我们的信念系统中没有这么一个东西，我们还会有正常的行事动力吗？

万维钢：

人的任何情绪都必然有它合理的一面，才

会历经这么多年的演化而被保留下来。任何一个所谓"思维偏误",同时都是一个"思维快捷方式"。思考,有"快与慢",快思维足以应付生活中的绝大多数场合。刘慈欣不是有句话吗?——"失去人性,失去很多;失去兽性,失去一切。"

我们这里讲的思考不是要抛弃情绪和思维偏误,而是不被它们所控制。这就好比说喝酒。我写一篇文章说喝酒会有种种负面的作用,比如影响思考、容易误事、影响健康之类的,你读了之后说:"可是不喝酒的人生还有什么意思?"——我说的不是不让你喝酒,而是让你注意喝酒这件事。我说的是"别指望奇迹",不是"别相信奇迹"。

这基本上是一个主动和被动的问题。好的饮酒者掌控酒,不好的饮酒者被酒掌控。人脑每时每刻都有各种情绪和想法,我们追求的是掌控它们,而不是被它们掌控。迷恋靳东的阿姨放弃正常生活去追求一个明显的幻影,简直成了奇迹思维的奴隶。一个高中生偶然遇到大领导视察，感觉对方真是威风凛凛，心想："大丈夫当如是！"完了该上学上学，这是健康的。

而要想不被某个兽性思维掌控，我们首先要识别它。了解它是怎么回事儿，有哪些危害，下次遇到时才会保持敏感和警惕。

现在的情况是有太多人是某个兽性思维的酗酒者，也许他们应该先戒酒。

3. 满腔热忱，一厢情愿

　　普通人有一个标志性的天真的错误。这个错误是如此平常，如此自然，以至于人们经常意识不到那是一个错误，更合理的说法可能应该叫"思维模式"。这种思维模式在英文世界经常被人提到，叫"wishful thinking"，可是中文世界现在甚至都没有一个很好的翻译，我们姑且称之为"愿望思维"。

　　所谓愿望思维，就是把自己的愿望等同于事实：因为我希望 X 是对的，所以我相信 X 是对的。

　　人怎么会犯这种错误呢？难道谁还不知道哪个

是愿望，哪个是事实吗？不一定。我希望中国的航天技术世界第一，这个愿望是不是事实是容易检验的，容易分清，但是很多愿望和事实不容易分清。

某男生一直在追一个女生，人家女生已经一而再，再而三地明确对他表示拒绝，说我不喜欢你，你别再烦我，可这男生还是不依不饶。如果你问他，人家不喜欢你，你为什么非要追呢？他的回答是，她当然喜欢我，她只是害羞，不善于表达，她拒绝我都是对我的考验，我要放弃就是辜负了她，她在内心深处是非常爱我的。

这个所谓的满腔热忱，其实是一厢情愿。所以我们也可以把愿望思维叫"一厢情愿思维"。对这种陷入愿望思维不能自拔的人，我简直想不出那个女生到底怎么做才能合法地证明自己不喜欢他。

愿望总会调动人的美好情感，你一想象这件事就会获得一种愉悦感，你越想就越觉得它是真的，以至于你根本不会想到，也不愿意从中跳出来。

* * *

炒股的人说，这只股票起起伏伏好几个月，现在庄家已经把它做好了，蓄势待发。

中国队今天晚上有一场比赛，我看了赛前球员们的采访，了解了他们的训练情况，感觉他们的精神面貌非常好，我坚信，中国队今晚必胜。

家长对老师说，我家孩子总考不好，但是他其实特别聪明，只是贪玩，不用心，爱马虎；他其实很喜欢数学，只是还没有意识到自己喜欢数学。

……

这些都是愿望思维。它常常以隐性的形式出现，往往都是无害的小事。但是有时候愿望思维会让你对事情的走向有过于乐观的估计，甚至在该作为的时候不作为。

比如说，领导上任好几年了，工作做得不温不火，公司错失好几个发展机会。有人说这领导能力不行；另一些人却坚持认为，领导特别有能力，他有一个宏伟的蓝图，只是现在受到各种限制无法施展，我们应该耐心等待。可是等了几年，发现这位领导不但没有什么高招，反而连出昏招。这些人又说了，领导正在下一盘大棋，我们理解要执行，不理解也要执行……这些人未必是故意想看着公司衰败，可能只是被愿望思维困住了。

又比如说，一名女性经常被丈夫家暴，可是每次事后丈夫都痛哭流涕，说尽好话，她每次都相信了。长达数年的时间里，她一边忍受家暴一边愿望思维。你要问她为什么不离婚，她会说丈夫其实已经后悔了，将来一定会变成好人的……后来有一次，这名女性实在忍不了了，终于报警。警察来了调解一番，说现在不提倡离婚，你们这都是家庭内部矛盾，夫妻吵架很正常，就没有再管。警察也是愿望思维。

***

愿望思维是被愿望，而不是事实和逻辑驱动的思考。愿望这个情感会让人选择性地接收那些符合这个愿望的事实，把事实往符合愿望的方向上解读，导致决策和行动的偏差。

有人做过实验研究[1]。有些新手父母，内心认为孩子放在家里照顾最好，可是由于工作的原因，必须把孩子送去幼儿园。研究者把这样的家长请到实验室，让他们看一篇关于孩子在幼儿园和家里成长好坏对比的论文。这篇论文的结论其实非常模糊，怎么解读都可以。但这些家长因为不得不把孩子送到幼儿园，很希望论文能告诉他们把孩子送到幼儿园有好处，结果看完论文后，他们果然认为这篇论文的观点是孩子应该送去幼儿园。

而另有一组家长，内心也认为让孩子待在家里是最好的，跟第一组不同的是，他们决定就让孩子待在家里——他们看了论文之后得出的结论是孩子待在家里最好。

两组人，本来有同样的信念，看同样的论文，却得出了不同的结论，这就是愿望思维的结果。

愿望思维如果再严重一点，就可能导致所谓的"确认偏误"，也就是这个人只听得进去能确认自己的信念的事实，而对一切相反的证据都视而不见，甚至做反方向解读。比如有人认定了某个国家是中国的朋友，不管那个国家做什么都说它是在帮中国。有时候那个国家做的事情明明给中国带来很大麻烦，他也说其实都是中国有意安排的。

不过多数时候愿望思维很难被察觉到。它是普通人日用而不自知的一种思维方式。

大学里有一次期中考试的题目特别难，同学们考完试都感觉压力太大了，就向老师反馈，说不应该出这么难的题打击我们。

这其实也是愿望思维，而且是逻辑错误。你的论据其实是"你不喜欢"，但是你把它当作了"这不应该"。你不喜欢≠这不应该。谁说考试应该让学生舒服了？谁说事情的走向应该满足你的愿望了？愿望思维的一个习惯套路就是，只要是我感到不舒服、不喜欢的事情就不应该发生，就应该避免，这正是把自己的愿望等同于事实。

科学思考者一定要对愿望思维保持警觉。世界上的事情不是以你为中心展开的，事情总是几乎随机地发生，不会总往你合意的方向走。人生不如意事十常八九才是正常的。当你作出一个判断的时候，如果它正好顺从了你的情绪，你就应该问一下自己，这是不是愿望思维。

***

我们最后再举一个例子。它可能会伤害你的感情，让你体会一下破除愿望思维的痛苦。

癌症是"众病之王"，它不仅难治，而且对人的认知也提出了挑战——因为它非常不可控。人们总是会想，为什么有的人得癌症，有的人不得癌症？为什么有的人得了癌症之后治疗结果很好，而有的人就治不好？

一个自然的想法是，癌症跟人的性格和心态有没有关系？是不是那些性格怪异的人更容易得癌症，性格开朗友善的人不容易得癌症呢？得了癌症之后如果保持一个乐观积极的心态，是不是有利于治愈呢？

如果是这样的话，我们就对癌症有了一种掌控感。而且这样的预防和治疗是最理想的：没有成本，不需要高科技，你唯一要付出的就是做一个好性格、好心情的人。谁不愿意做个这样的人呢？既做个好人还能避免癌症，这多好啊！

这就是为什么，当 20 世纪 80 年代，心理学界的一位巨擘，德国心理学家汉斯·艾森克（Hans Eysenck）提出，有一种性格特质特别容易导致癌症的时候，这个说法立即就被公众接受了。艾森克说他发现了一种"C 型性格"——表现为神经质、易怒、悲观、孤僻——死于癌症的概率是"健康"性格的人的 40 倍、60 倍，甚至 70 倍。

我特意查看了一下，"C 型性格"这个说法至今仍然在被某些媒体引用，更不用说老年人朋友圈转发的那些健康指南了——癌症跟性格有关简直就是天经地义的事情……但事实根本不是这样。艾森克那些研究已经在 2019 年被判定为故意作假，被杂志撤稿[2]。

而且不仅仅是艾森克这个理论，科学家早就做过多项研究，证明癌症和性格、心态都没关系。我给你列举几个最过硬的证据[3]。

有一项规模很大的研究，对 6 万人做了为期 30 年的跟踪随访。2010 年，该研究发布报告说，性格特征跟患癌风险、跟患癌后的存活率之间，没有任何关联。这项研究的厉害之处在于它是在一个人得癌症之前先判断他是什么性格。这是最靠谱的。因为人得了癌症之后可能会把它归结于自己性格不好，从而错误判断自己以前是什么性格。

那么如果已经得癌症了，保持好心态和好情绪能否有助于提高战胜癌症的概率呢？答案也是否定的。有人对 1000 名以上得了脑部和颈部恶性肿瘤的患者做了情绪观察，结果发现他们情绪的好坏跟肿瘤生长速度以及他们的存活时间，都没有关系。

现在还有人专门发明了针对癌症的各种"心理疗法"，这些心理疗法有用吗？也没用。2004 年和 2007 年的研究都表明，心理疗法或许能让癌症患者的生活质量有所改善，但是所有心理疗法都跟存活时间没有关系。

***

所以现实是冷酷的。我相信将来还会有人继续鼓吹性格和心态对癌症的作用，还会有人发明新的心理疗法，但那些都是愿望思维。癌症不像我们期待的那样运行。现在唯一证据最强的结论就是吸烟会大大增加癌症风险，其他的都很难说。癌症就是一个非常随机、难以掌控的东西。这个病这么重要，我们真的很希望能用什么生活方式之类的方法掌控它，但是真的掌控不了。

而这只是冰山一角。在保健品、美容品领域，愿望思维简直太多了。那些领域基本上就是专门靠人的愿望思维赚钱的。各种广告铺天盖地，说这个有什么好处，那个有什么疗效，都是神奇的说法，而人们之所以相信是因为人们愿意相信。

分不清愿望和事实，这多么尴尬啊！

愿望不一定都是错的，有愿望很好，尴尬之处是你事先就假定了它是对的。传统武术曾经被吹得神乎其神，结果现在一个个大师拉出来，连普通的综合格斗运动员都打不过。有人说这不能说明传统武术不行，而是因为绝技已经失传，现在的大师不是中华武术的优秀代表。可以，这个逻辑没问题，但这也是愿望思维。以前西方领先东方，现在中国崛起了，人们说中国文化其实是最高级的，只是还没到时候，到时候必定领导全世界……可以，但这也是愿望思维。

以前有人认为愿望思维在国际政治中也有作

用。大国在国际上的行动，有些事后被证明判断错误，那是不是因为领导人下命令的时候被愿望思维左右了？不是。国际政治学教授罗伯特·杰维斯（Robert Jervis）做了大量研究，结论是证据不支持领导人被愿望思维影响[4]。

政客决策有失误是正常的，但他们通常不会犯愿望思维的错误。他们有专业的幕僚，一天到晚干的事儿就是作决策，不太容易被情绪所左右。

只有普通人才这么天真。

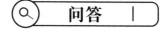

问答

逍遥：

万老师，我记得您解读过"端粒效应"，里面说到人的压力会影响端粒的长短，而端粒的长短决定人的健康。但这一节又说心情不会改变得癌症的概率，这两个观点是否是矛盾的呢？

晓风：

有另一个民间说法是，经常看美女会使心情愉悦，从而有延缓衰老的作用。这个感觉和积极的心态有助于癌症治疗是一样的内核。应该也不是正确的咯？

万维钢：

这些跟我们这一节说的癌症研究都是两码事，这两个问题是错误的思维。我们说的仅仅是心情愉悦与否、性格快乐与否跟癌症无关，别的我可什么都没说。

压力影响端粒，这个有研究。那压力对癌症有没有作用？这我可没说。端粒长短跟人的寿命有关，那跟得不得癌症有没有关系？你不能假定。我没听说过看美女能延缓衰老的研究，就算真能，延缓衰老跟癌症也是两码事。

愿望可能是对的也可能是错的。我们的愿望是能用心情掌控癌症，你必须提醒自己的是，不能因为你"希望"它是这样，就默默当作它是这样。癌症这个故事提醒我们，大自然往往不是这样。

周小川：

"愿望思维"和"皮格马利翁效应"有哪些区别呢？

杨华：

"自证预言"和"愿望思维"在思维判断上似乎各有边界，但是在导致的行动上是不是有很多重叠的部分？

万维钢：

"皮格马利翁效应"是，你希望别人是什么样子，那就像他是这个样子一样去对待他，这样他被你影响，慢慢就真的变成了那个样子。你希望自己的妻子有公主一样高贵的品质，那你就先把她当作公主。"皮格马利翁效应"是个非常特殊的心理学现象，特指对别人的影响。

"自证预言"是一个具有普遍意义的现象，是你在明明还有选择的情况下，以为事情是个什么状况，就按照这个状况去做，结果事情就真的被搞成了这个状况。比赛明明还有得打，我以为自己已经输了，结果自暴自弃，最后果然输了。

还有一个容易联想到的东西叫"吸引力法则"，意思是如果你整天想象自己能得到一个什么东西，那个东西就会自动来找你。"精英日课"专栏讲过，"吸引力法则"是迷信，是错误的认知。

而"愿望思维"不同于这三者。"皮格马利翁效应"和"自证预言"都强调了要做，要采取行动。"吸引力法则"则是等待一件事发生，需要你每天都通过想象这个东西来"发功"去吸引这个东西。愿望思维则是把愿望当作事实，是自己什么都没做，也没等待，也没发功，也没想到需要做，就当作那已经是事实，是把"我希望"当成"它应该"。

就拿男生追女孩那个例子来说——

"自证预言"，是男生稳扎稳打，但是符合常规操作地去追求这个女孩。可能先在她面前好好表现，再送花，再请她看电影，慢慢再表白……

"皮格马利翁效应"，是男生每天就把这个女孩当作自己的女朋友去相处。不整那些前期的花哨功夫，一上来就天天送饭，让女孩产生自己早就是她男朋友的错觉。

"吸引力法则"，是男生不敢跟女孩说话，天天躲在宿舍里思念女孩，在脑子里演练跟女孩在一起的点点滴滴，指望通过心灵感应之类的超自然力量得到女孩的爱。

"愿望思维"，则是男孩说：她肯定喜欢我啊！我那么爱她，她怎么可能不喜欢我呢？

4. 圈里的人和组合的人

大部分人都没有真正的观点，哪怕是对于经常谈论的事物，也没有经过深思熟虑。可是如果你让人表态，他会非常肯定地说"中国足球就是没戏了"，或者"中医就是厉害"，他有强烈的"看法"。那这些不思考的人的看法都是从哪儿来的呢？来自人群的传染，来自熏陶，来自"文化"。

千万别低估一群人对一个人的影响。你可能经常在生活中观察到很多"不老实"的人，特别是年轻人，根本不听家长和老师的话，觉得自己很叛逆，长满了棱角。这些人是不是很酷很了不起呢？其实他们也不是在独立思考。

***

20 世纪 70 年代，英国伯明翰大学的学者保罗·威利斯（Paul Willis）对一群中学生做了一项跟踪研究 [1]。这些学生都是英国某个镇上的一所普通中学里的工人子弟。威利斯的研究对象主要是男生，他深入到学生中间，跟他们交谈，了解他们的行为。乍看之下，这些学生都是非常叛逆的青年。他们不但不听老师的话，而且看不起老师。他们白天不好好上课，晚上还在外面到处游荡。他们鄙视学校的规则，抽烟喝酒泡妞打架无所不为，还嘲笑那些听话爱学习的"书呆子"。

他们形成了一种属于自己的文化。威利斯说，这种文化最明显的特征就是对权威的反抗。但是请注意，这里所谓的反抗，反的只是学校。在正规的学校组织之外，学生们另有一个非正式的"圈子"。在这个圈子里他们可不反抗。

这个圈子就是整天混在一起的一群人。如果你是一个中学男生，你不希望自己下课之后就一个人待着，你可能希望加入一群在操场上一起抽烟的人。被这个圈子排斥是非常可怕的待遇，而作为圈子的成员，你必须遵守一些默认的规则。

圈子有活动你得参加。比如说外出游荡已经形成了仪式感，每天午饭时间哥儿几个必须出去喝点酒。从外面看，圈子里有时候会发生打架事件，好像很混乱；从圈内视角看，打架其实很有秩序。通常的规矩是只有地位高的人才能发动一场打架。打架是危险的，地位低的通常老老实实待着。从外面看，这帮人整天都在吹嘘自己混乱的性经历；从圈内视角看，他们对自己"正式女友"的忠贞要求非常高，圈内人不会碰对方的正式女友。圈子有自己的一套特色语言，每次聊天翻来覆去都是差不多的那些话。圈子平时不见得有多抱团，但是会抱团歧视圈外人，特别是外族人，比如那些来自巴基斯坦的学生。

这种圈内文化，把那些中学生塑造成了一样的人。他们以为自己什么都知道。如果你跟他们谈谈他们不知道的事情——比如说大学、现代科技之类——他们会嗤之以鼻,认为根本不值得知道。

而这个态度其实是理性的。学校教育对这些学生确实没有多大意义,他们注定要追随父辈,去工厂当干体力活的工人。他们的圈内文化其实是在为那样的生活做准备。他们知道的人生经验,的确已经够用了。

这哪里是叛逆呢?

***

我们这里说的可不是中学生的教育问题或者阶级固化问题,我们关心的是人的认知。这个道理是,每个人都会渴望加入一个小圈子,然后服从圈子的文化。

有一次我遇到一个公务员,偶然聊了起来。我发现但凡谈到对什么事情的看法,他都反复地跟我说:"我们单位的人都是这么想的。"我一开始还以为他这么说是为了说明这么想的人很多,从而更能证明这个想法是对的——后来我意识到不是。他

并不在乎他们单位以外的人怎么想。他之所以总说
他们单位的人是这么想的，是因为他们单位的人就
是他的思想来源。他自己没思想。

自己本来没观点，但是会全力以赴捍卫自己所
在"圈子"的观点，这是有道理的。

尼克·查特（Nick Chater）在《思维是平的》
这本书里列举了好几个实验，说如果你通过巧妙的
设计，给一个本来没有观点的人外加一个观点，让
他相信这就是他的观点，他就会去捍卫这个观点。
这就好像量子力学里的波函数一旦坍缩，就从原本
的不确定进入了绝对的确定。

所以你别看很多人声嘶力竭地捍卫某个观点，
他们那个观点的起源可能根本就是一件微不足道的
小事。乔纳森·海特（Jonathan Haidt）在《正义
之心》这本书中就提出，我们对社会上的道德议题
的判断，总是直觉先行，直觉确定了你的态度，然
后你再用理性去给这个态度找理由。

所以理性是服务于情绪的。那情绪又是从何而
来的呢？海特认为，人们对公共事务判断的情绪主
要取决于对新事物的观感：如果你喜欢新东西，你

就容易成为自由主义者；如果你不喜欢新东西，你就容易成为保守主义者。

但海特这个说法还不够完全。人们对新事物的观感又是从何而来的呢？

倒是英国儿童文学家、《纳尼亚传奇》的作者C.S. 刘易斯（C.S. Lewis），早就有一个论断[2]。刘易斯认为人的很多最初观点来自小圈子——他称之为"内环（Inner Ring）"。可能是你的家庭，可能是你少年时代总在一起玩的一伙人，可能是你们"单位"的人。你内心深处会有一个最有归属感的、可能非正式的小圈子。最初因为非常偶然的原因，这个圈子里的多数人对这个社会议题是这个看法，结果慢慢地，所有人就都是这个看法了。

这跟心理学家多次研究过的"群体思维""群体压力"都有关系，人总是希望自己跟所在群体的看法一致。但刘易斯的洞见是，人最在乎的还是自己最有归属感的那个圈子是怎么想的。

因为你最在乎的那帮人都这样认为，所以你也这样认为。你不但默默地放弃了独立思考，还因为害怕跟不上那帮人的观点而感到不安。

这是智识上的腐败。

***

那你说，不这样又能怎样呢？难道智识分子都
是孤独的吗？难道科学思考者就没朋友吗？那当然
不是，相对于"圈子"，作为科学思考者，你想要
加入的是另一种群体。刘易斯称之为"健康的社
区"[3]，我们或许可以称之为"组合"。

圈子里人人都一样，组合里人人都不一样。

《西游记》中的唐僧师徒四人，就是一个组合。
他们的性格特点、在队伍中的角色、对事物的观
点和做事的方法，都各不相同。孙悟空冲动好战但
是聪明能干，猪八戒懒惰但富有人性，沙僧稳重，
唐僧坚定。其实你能想到的好的团队都是这样的。
《哈利·波特》中的哈利、赫敏和罗恩三人组，《指
环王》里的"护戒同盟"，《三国演义》里的刘关
张、赵云、诸葛亮，都不是把一个人乘以 N，而是
不同的人构成的有机组合。

最简单的组合就是我们每个人的家庭。父母、

兄弟姐妹、妻子儿女，每个人都有自己独特的位置，任何两个人之间不能互相替换，每个人都是结构上的一环。唐僧师徒四人要是离开了猪八戒，那不是少了一个人的问题，而是整个团队的结构都变了，取经故事会完全不同。

在组合里，你的队友不会强求你改变。组合允许你保留自己的个性、观点和做事风格，也只有这样，每个人才能对组合有独特的贡献。每个人有自己的特点，但是所有人又有一个共同点。比如哈利·波特三人组，虽然性格各异，但都是勇敢的人。

你想不想拥有这样的关系？你平时拼命想融入、生怕被排斥的那个关系，是圈子还是组合？

***

英国学者艾伦·雅各布斯（Alan Jacobs）[4]评论刘易斯说的那种圈子时说，圈子最大的特点是它对"思考"的态度。圈子不让你思考。你不能提让圈子感到不舒服的问题，人们会认为那影响团结。

所以我觉得圈子和人们常说的"信息茧房"是两回事儿。有人认为人们在网上看新闻会只看能印证自己观点的消息，但是雨果·梅西耶在 *Not Born Yesterday* 这本书中就对此不以为然。事实上，人们对网上的声音没有那么在意——但是人们会很在意所在圈子的观点。

这是理性的选择，因为你不想被圈子排斥。圈子给的归属感在关键时刻能让你活下去。有研究发现，那些最终在纳粹集中营里存活下来的人，都是某个非常紧密的团体的成员：比如都是共产党员，都是同一个教会里的修士，或者都来自同一个少数民族。

圈子对你如此重要，可是你对圈子来说却多你一个不多，少你一个不少。圈子不会因为少了哪个人而改变——而这又进一步让每个人都害怕被圈子抛弃，都想要拼命地融入……每个人都是一堆沙子中的一粒沙子。

圈子文化会要求你的忠诚，讲服从。可是圈子里的人忠诚的只是那个圈子，圈子成员之间互相不怎么信任。你总得想办法证明自己是"自己人"。

圈子还有个"皈依者效应",也就是新人总比老人有更强烈的圈子认同感,他们会把圈子的行动当作很神圣的事情去做。圈子里的人还会互相盯着,防止有人不守规矩⋯⋯

***

组合和圈子的区别,正应了孔子说的"君子和而不同,小人同而不和""君子周而不比,小人比而不周"。如果你发现自己处于一个讲"同"、讲"比"的圈子里,你应该为自己感到悲哀。

以前很多国人以做"大海中的一滴水"为荣,但我发现那些了不起的人物都不是一滴水。

大约十年前,我遇到一个参加过解放战争的老兵。他新中国成立后曾经在部队做过官,我见到他的时候,他已经八十多岁,退休了。他跟我聊起战争,没有说战争有多苦,我们多么无私奉献多么团结,而是说了一些像什么自己连队抢了别的连队的机会之类的故事,讲后来因为个人的选择去各个地方的境遇,他说那些经历真是非常快活。

我一看聊得挺好，就问了他两个"敏感"问题：十大元帅谁的水平高？你更愿意听谁指挥？老兵没说什么谁指挥都要服从命令、都要团结之类的高调话，也没说十大元帅水平一样。

他说十大元帅，各有各的打法，各有巧妙不同，不能说哪个厉害，哪个不厉害。

他说的是组合，而不是圈子。

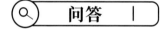

问答

陶毅骏：

万老师在这一节提到的圈子和在"精英日课"专栏"现代化的逻辑"这一期中提到过的圈子有什么区别呢？

万维钢：

在"精英日课"专栏"现代化的逻辑"这一期中，我们提到全球化的市场是一个"现代圈",进入这个圈就能经济繁荣,不在这个圈就意味着封闭和落后。"现代圈"的规则是"或者合作,或者忽略",愿意交易就能合作,不愿意合作就被忽略。这是一个非常务实的、工作性质的关系,并没有过多的别的情绪。

李录在《文明、现代化、价值投资与中国》这本书里有个说法,冷战以后,以美国为首建立的全球市场圈有个最不一样的特点,就是它不讲意识形态。不管你的政治制度是什么,只要能搞经济上的交易,你就可以入圈。这个圈只问你能提供什么,不问你是怎么想的,并不试图把你变得跟别人一样。我们看WTO(世界贸易组织)的各种要求和条件,虽然对各国的国内经济政策有明确要求,但那都是算经济账。这个现代圈可以说是个松散的"组合",每个国家很容易在其中找到自己的定位,比较自由。谁入圈搞自由贸易都是对各方都有好处,谁搞封闭都是对各方都不好。

但是这种全球贸易关系未必是历史的终极形态,至少不是过去历史上的常态。事实上，就在 2016 年之前，以奥巴马为首的美国政府已经在积极运作，要抛开 WTO，成立一个叫作"跨太平洋伙伴关系（TPP）"的新组织。这个组织说的是贸易，但是对成员国的内部制度有严格要求，有意识形态特点。这就有点像我们这一节说的圈子了，它要求你跟别人一样。

TPP 是中国当时面临的一个难题……好在 2016 年特朗普上台了。特朗普完全不讲意识形态，除了打压华为之外几乎只算经济账，你只要多买美国农产品，特朗普就很高兴。可是事实证明，特朗普也不好对付。

中国是 WTO 这个"组合"的最大受益者，因此不希望把国际贸易从组合逻辑改成圈子逻辑。

我们这一节说的"圈子"特指刘易斯说的那个"内环"，它不是很在意你在其中有什么独特的位置，但是很在意你的想法是不是跟圈子一致。从内环中找归属感，明确区分谁是自己人，动不动就说你要跟谁好我就不跟你好，这是人的一种本能，我们应该克制。

那如果别人就是想把组合变成圈子，你应该怎么办呢？这个逻辑是非常直观的。

第一，中国已经是世界最大贸易国，我们得有充分的自信。现在谁都离不开中国，而且谁也不可能真的卡住中国的脖子。全球贸易绝对不是铁板一块，西方国家不可能团结起来对付中国。

第二，中国在这个组合里享受了二十年红利，但是不应该指望这个组合永远不变。以前你是发展中国家，现在你要搞百年未有之大变局，那么人家要把组合的结构变一变，我们得允许人家变一变——哪怕这涉及我们自身也要改变。世界上本来就没有不变的东西。

第三，该怎么变，中国应该积极主动，不应该消极被动，不能说既然你们要变，我就自己弄个不变的圈子。中国要想的不是以前我在组合里的位置多么好，而是以后我要做发达国家，发达国家在组合里应该扮演什么角色，我如何给自己设计这个新角色。

　　组合需要一定的规则。组合中每个个体都有不同的角色，对规则的态度也是不一样的。中国扮演的这个新角色绝不仅仅是个"受益者"或者"受害者"，而是建立者、领导者、维护者。受益者、受害者那些角色总喜欢寻找规则的漏洞，总抱怨别人干涉他的事儿，憋着劲儿要斗争；领导者却应该维护规则。

5. 人生不是戏

　　这一节咱们说"故事思维"。讲故事是最好的传播手段，但故事可不是理想的思考方式，因为真实世界不是故事。

　　现代人受小说和影视剧的影响太大了，不自觉地以为自己活在戏里，这会让你产生奇迹思维和愿望思维。故事都有主角，你把自己当作主角，就会认为周围的事情都应该围绕着你进行。故事中都会有"好人"和"坏人"两股力量在斗争，最后好人战胜坏人，这就会让你对事物的发展方向有一个执着的期待。

故事之所以比真实世界好看，是因为它强化了主要冲突，简化了复杂因素。

我讲三个效应。

***

故事思维的第一个效应是让人相信主旋律的存在。

我们经常说"时代的主旋律"是什么什么，"当前的主要矛盾"是什么什么，这其实也是故事思维。主旋律用一个简单的因果关系描写一个复杂的过程：因为某人想要做什么什么，所以事情就是这样的了。

故事里最强烈的因果关系大概是人的"动机"。某件大事发生了，那一定是有人故意做了什么。

这是很多阴谋论的来源。一个话题突然流行，某个产品突然火了，病毒在全球传播，群体性事件集中爆发，人们认为都不是偶然的，肯定有个幕后推手在"煽风点火"，在炒作、协调和组织，肯定是有人安排它们发生，它们才发生的。特别是如果某件事给某一方造成巨大损失、另一方却不受影响，人们就会认为只有傻子才相信那是偶然事件。可真是如此吗？

咱们从反面想。现在不知道有多少人想红，有多少新产品想成为爆款，有多少媒体公关公司在琢磨怎么发起一场风暴，成功了吗？事实是，就连手机这样的重量级产品，像电影这样最需要引爆话题的东西，完全有能力不计成本地炒作，都炒不起来。

关键在于，大事件都是不可控的。任何大事件都需要多方、在不同阶段、以不同的方式联合参与。就拿爆炸性话题来说，首先这件事本身得新鲜有趣，有谈论的价值；然后这件事发生的时机对不对，是否契合了当下人们的情绪，有没有被别人抢了头条，哪个大 V 转发了或者没转发，传播过程中有没有演化出新的话题，是不是正好又跟别的事件发生了化学反应，这些都很有关系。像金融风暴、政治危机之类的事件，更是需要层层加码的正反馈链式反应。没有任何力量能掌控这一切。这里面有太多的不确定性。

真实的大事件往往不是按照任何人的意愿发展的。可能人人都有不同的动机，可能很多人根本没有什么动机，每个人无意识地推动一下，事情就发生了。更有甚者，现代有些心理学家[1]认为所谓的动机、信念、意义都是人的错觉，是人在事后给自己讲的故事。你是先由于某个非常浅、非常偶然的原因采取了一个行动，事后为了解释这个行动，才给自己发明了"动机"。说你有什么坚定的信念，什么主旋律，以某某理论为指导，那都是人的认知错觉，心理学家称之为"解释深度错觉"。

如果一个人连自己的动机都说不清楚，又怎么能推测到别人的动机呢？

真实事件的发展往往出人意料，根本不在乎你的什么主旋律。比如说，2020年新冠肺炎疫情，人们都待在家里，那你说主旋律应该是交通通行量大大下降，对吧？对，美国的交通通行量的确大大降低了。于是很多汽车保险公司都给用户退还了一部分钱——既然主旋律是开车的少了，交通事故也应该大大减少。对吧？

不对。事实是 2020 年上半年，美国的交通通行总量下降 16%，但是交通事故导致的死亡人数只下降了 3%[2]，死亡事故率净增加了 30%。为什么呢？可能是因为路上的车少了，人们感到更安全了，开车就更快更猛，也不系安全带，也更容易酒后驾车。

而这个效应，你在 2020 年 1 月份的时候很可能预测不到——那些保险公司就没预测到。事情不会按照你想的那个主旋律展开，这不是只有一个趋势的故事。

故事思维的第二个效应是让人忽略细节。

我们看以前的戏曲，或者像《三国演义》这样的小说，都把古代战争的场面大大地简化了。这种故事里，几乎一打仗就是两军主将单挑。只要一方有个猛将把另一方的主将击败，这边士兵马上来个掩杀，战斗就结束了。真实情况可能是这样的吗？战斗胜负跟很多因素都有关系，双方各自的总兵力、装备情况、补给情况、地形情况，难道都不用考虑吗？

有人考证过历史，唐朝以前的战争的确高度依赖主将的武力值，的确经常发生单挑；但真实的，特别是唐朝以后的战争，也的确比主将单挑复杂得多。如果只在乎主将武力值，你就忽略了太多东西，也错过了更精彩的故事。

现在有些网络小说描写战争场面比《三国演义》高级 [3]。步兵和骑兵、远程和近战、普通部队和精锐部队之间的互相配合和克制，从哪儿打开缺口，从哪儿开始双方僵持，从哪儿开始顶不住，预备队什么时候上场，一方士气如何崩坏，从哪儿开始溃退追杀，将帅的个性张扬和想法变动，要冒险还是要保守……所有这些都非常复杂。同时写好这些元素需要高超的技巧，但这些也只是故事。可能这场战役全局你胜了，局部有好几个地方输了；可能对手明明打得很漂亮，莫名其妙地差了那么一点点就输了。

那要是没有这么大的戏剧性，谈不上胜负的那些事情呢？故事思维就更不好使了。咱们举一个经济学的例子 [4]。

现在美国有个趋势，大学的学费正在猛涨，涨到了离谱的程度。有些名校一年的学费加生活费超过七万美元，比一个中等收入家庭一年的总收入还高。那学费为什么会猛涨呢？经济学家判断，主要原因是政府给学生提供了大量的助学贷款。学生既然可以拿贷款上大学，就暂时不差钱，市场的需求就能保证。这个解释是对的，但是它忽略了很多细节——

第一，联邦政府的助学贷款虽然高，但是州政府的财力有限，不能提供很多贷款，所以如果上州立大学，自掏腰包的学生比例是上升了。

第二，很多大学给学生提供了高额的助学金。学费高，助学金也高，两相抵消。涨学费只是故意走个程序，显得大学很值钱而已，其实学生交的钱并没有那么多。

第三，现在人们上大学的需求提高了。美国经济已经从劳动密集型转向知识密集型，需要更多的大学生，上大学更值得了。

第四，很多人上大学并不是为了工作，纯粹就是认为不上大学的人生是不完整的，他们不会去算性价比，对价格不敏感。

你看这些因素，有的加剧了学费上涨的趋势，有的减弱了这个趋势。把这些因素都考虑进来，你很难用一个"因为……所以……"的故事把事情说清楚。

真实世界就是这样。其中有各种力量，并不是只有好的一方和坏的一方，更不是只有一个主角。

故事思维的第三个效应是让人渴望一个结局。

每当你陷入困境、正在挣扎奋斗的时候，你会不自觉地想到"将来总有一天你们会发现我是对的"，或者"总有一天我会证明自己的能力"。

这个想法能激励你奋斗，但是真实世界没有这样的结局。历史上从来没有什么审判日，不可能到时候就谁对谁错一清二楚。

王安石变法，和司马光争得那么厉害，他们两人心中可能也会想"总有一天历史会证明我是对的"。可是事情接下来的发展却是新党下台旧党上，旧党下台新党上，大宋政局始终都在来回震荡。甚至一直到千年后的今天，你也不能说历史证明了到底是王安石对，还是司马光对。王安石变法仍然是个争议事件。有人认为，正是因为王安石变法没有成功，北宋才灭亡；也有人认为，正是因为王安石变法，北宋才灭亡。

再比如罗斯福新政。罗斯福上台前美国经济陷入了沉重的危机，罗斯福上台后大刀阔斧搞新政，美国经济走出了危机，所以新政肯定是对的，是吗？不一定。你正好赶上一件事发生，不等于是你促成了这件事。现在就有很多经济学家认为，罗斯福新政不但没有缓解危机，而且加剧了危机。有人认为经济危机是技术升级的结果，是正常现象，本来很快就会好转了，可是罗斯福搞新政瞎折腾，用政府投资强行刺激经济，不但没有让经济更健康，还把美国从小政府国家变成了大政府国家，给未来留下了巨大的隐患。那你说谁对谁错呢？你没法拿历史再做一遍实验。

这个道理是，真实世界是场"无限游戏"：里面没有结局，而且通常没有绝对的对错。你做一件事，产生一波后果，那一波后果又产生另一波后果……就如同塞翁失马，只有震荡。你可能永远都在斗争之中，没有宣布胜利的一天，你们只能一直这么较量下去。

***

讲一个好故事既能激励自己又能动员别人，故事有强大的力量，但是科学思考者必须警惕故事思维。

故事思维只考虑了一个简单的因果关系，没有充分关注所有的因素，你没法做精确预测。

故事思维会让你的情绪在两个极端间来回摇摆。中国队赢了，你看谁都那么可爱；中国队输了，你觉得整个中国的体制都不对。

普通人只能接受简单的故事，要说为什么抗美援朝，一句"保家卫国"就完事了。可是你稍微多了解一下，发现战争起源好像不是美国先对中国动手，而是北朝鲜先对南朝鲜动了手，中国参战是非常被动的，你可能会受不了。有的人听到这一层直接就否定了抗美援朝。然后你必须再深入了解，才能发现当时美国确实已经严重威胁了中国国家安全，中国打这一仗确实有必要，你的看法才可能又变回来。

等到你不把抗美援朝当个简单故事，你才配得上对这件事有观点。

故事思维还会让你固执己见。人一旦陷入某个故事不能自拔，就会非得把这条路走下去不回头，只有失败才能让他面对现实。

科学思考者要时刻提醒自己，这件事不只有一个故事。你眼里是这个故事，别人眼里可能是一个完全不一样的故事；过段时间再看，又是另一个故事。

你的思维复杂度决定了你能接受的叙事的复杂度。

因为接受不了复杂，被简单故事打发了，成为别人的宣传对象，那在科学思考者眼中简直不能容忍——可是很多国家的普通人就是这么过的。一个国家的叙事复杂程度越高，国人的素质就越高。

但是不管怎么高，你仍然会陷入一个故事之中。你可能比《三国演义》高，但是《三国志》也是讲故事的辉格史学。你永远都避免不了故事思维，你只能警惕。

🔍 问答 |

莎餅:

我们"有办法"尽可能作出关注所有要素的预测吗?还是我们只能知道"它不是只由某一因素造成的,因此发生跟自己预期相反的结果也别太意外"?

万维钢:

破除故事思维,也不是说就要关注所有的要素,那样的话谁也算不过来。我们还是要关注那些最关键的因素,只不过到底什么是"关键",常常不是你最初想的那样。故事思维的问题是预先就设定好了哪个因素关键,而不顾别的可能更重要的因素。

比如唐朝一个书生进京赶考。他之前读过很多励志故事,认为考试成功最关键的就是自己的努力奋斗。他给自己讲的故事是"十年寒窗无人问,一举成名天下知"。到了长安,同学们都去高官家中拜访，他选择老老实实待在客栈里复习功课。这就是一个错误的认知。

正确的态度是先别那么深情地讲故事，到长安看看再说。如果你到长安一看，发现大唐科举的门道就是需要高官的举荐，那你要是仍然想做官，就应该抓住这个关键。这个关键不是哪个故事告诉你的，是你谦虚调研的结果。可是接下来你又不能用"大唐科举就靠找关系"这个故事指导自己，你还是需要真学问。然后你再看看科举学问的关键是什么，是诗词文采，还是策论逻辑。关键因素将不会只有一个，你必须根据所有这些因素，再结合自身的特点，设定一个综合性的取胜策略。

你最终得到的"科举制胜模型"仍然是一个故事——否则你就会无所适从，毕竟人脑永远都无法摆脱故事。但那可不是什么才子佳人爱恨情仇之类的庸俗故事。你得到的将是一个对大多数人来说根本不像故事的故事。然后你仍然不能执着于这个故事，还是得时刻调整。

所谓"客观"，不是绝对的平等中立，而

是摆脱自己本来有的那个主观视角，从事情本身出发去考虑。

所以破除故事思维既不是执着于某个因素，也不是放弃预测，安心认命。

破除故事思维绝对能提高我们的预测水平。我认为最明显的提高是你会很容易判断某个事情做不成。世界上有太多被故事思维左右的人，对事情有各种一厢情愿的期待，而你会比他们冷静得多。长安有无数学子参加科举，客栈老板的女儿正值青春年少，想要结识一位才子，她看谁都觉得像能中状元的人——而客栈老板，因为没有才子佳人的故事思维，会更加冷静。

至于像美国总统大选和世界杯足球赛决赛这种二选一的局面，的确是高水平专家的预测成绩不会比某个被故事思维冲昏头脑的狂热粉丝更好，所以故事总是有用的。但专家的好处是，他更不容易对结果感到意外。

6. 我们是复杂的，他们是简单的

　　人面对不熟悉的事物，有一个特别常见的认知错误，简直是人人都在犯。我先给你讲三个真事儿。

　　第一个，中国某地建公路，征地的时候有一户人家可能是不满意补偿款，成了钉子户，最后也没谈拢。结果这家的房子被保留，路也还是建了，整个情形是来去两条路把房子包围起来，留下了出入口。这个奇特的景象被人拍了视频，一个美国网友把它发到了推特上。

这个视频给中国政府带来了好评。美国网友纷纷评论说,我们的媒体不是总说中国政府暴力强拆吗?这也没有啊,这很尊重财产权啊!

第二个,中国记者王志安在推特上开了个账号。作为记者,王志安的言论是比较讲究的。比如中国有进步、有好事儿,他会赞扬中国。可是推特中文圈的很多人听不得中国的好话。

王志安只要一说中国做什么事儿做对了,马上就有人出来骂他,说你是不是有任务啊?是不是跑推特搞宣传来了?

第三个,云南省丽江市有个华坪女子高中,校长张桂梅是个了不起的人。张桂梅认为中国女性必须独立自强。她要改变贫困女学生的命运。她把她们集中起来,给她们提供免费的教育,提供最好的条件,让她们考上大学。张桂梅这个学校的本科上线率达到了 99%。但是把张桂梅变成热点人物的,却是一件小事。

张桂梅以前的一个学生,成了全职太太,拿着钱回来要给学校捐款,张桂梅拒绝了。张桂梅说女人要靠自己，你怎么能当全职太太呢?

网上很多人据此抨击张桂梅，说她是在歧视全职太太群体。

***

这些观点的共同特点是简单。张桂梅、王志安和中国政府都是复杂的对象，但是网上的人都爱对其作简单的判断。

这种简单化思维是专门针对别人的。对自己，我们知道我们是复杂的。我有时候这样有时候那样，你们不理解可别乱说。但是对别人，我们倾向于把他看作简单的东西。

心理学有个概念叫作"基本归因谬误（Fundamental Attribution Error）"，意思是当你评价别人的一个行为时，你会高估他的内部因素——比如说性格——的影响，低估外在的情境之类的各种复杂因素的影响。

假设你是个医生。你的同事王医生有一次做手术失败了，你可能会说，他为什么失败呢? 因为他这个人不行，平时工作就不认真，医术有问题。而有一次你做手术失败了，你就会说我的医术没问题，失败纯粹是出于客观的原因，手术中遇到了一个极为罕见的情况……

对自己，我们很愿意分析复杂的原因；对别人，如果他一句话说得不合你意，那就一定是因为他这个人本来就是坏人。越是不熟悉的人或者人群，我们越倾向于把他们简化。

张桂梅校长说的话是有语境的。如果你去了解一下她这句话的前因后果，了解她专门做的就是让女性独立的事业，了解她给华坪女高设定的价值观，你就能理解她为什么不接受全职太太的捐款。这跟"歧视全职太太"是两码事，是两个完全不同的语境。可是因为张桂梅是个陌生人，人们迅速地把她的话抽象成了一个简单符号，而这个符号正好触动了他们的敏感点，于是就开始喷。

这种敌意来自简化。

对于你的亲戚、朋友、同事、邻居，你知道他是个老实厚道的人，他是一个好儿子、好丈夫、好父亲，他有高光的时刻和软弱的时刻，他有不得已的苦衷，你不会因为他的一个政治观点和你不同就跟他翻脸。可是在网上，你看不到对方的种种，只能看到他的政治观点，你就容易把他视为敌人。互联网把没见过面、互相之间没有任何了解的人联系在了一起，就好像两国交战战场上的士兵一样。

把对手简化是一个根深蒂固的错误，连政客都会犯这个错误。

***

我们前文提到过的国际政治学教授罗伯特·杰维斯提出过一个概念，叫作"统一性知觉（Perceptions of Centralisation）"[1]，意思是对手明明是一个国家或者一个联盟、一个政党，明明是由很多部分组成的一个复杂的存在，我们却总爱把它视为一个简单的整体。我们认为对手的行动是集中统一、事先谋划、协调一致的。

比如人们总爱说"中国"如何如何，"美国"如何如何，仿佛中国和美国各自都是一个人一样。但国家并不是人，国家是由很多不同类型，有着不同的利益、观点和行为的人组成的。你要是真仔细分析，连所谓的"国家利益"都是一个非常含糊的东西。

博弈论专家布鲁斯·布尔诺·德·梅斯奎塔（Bruce Bueno de Mesquita）甚至提出[2]，国家作为一个整体，并没有"自己的"利益，是国家中不同的人群有不同的利益。那你可能会说，国家中多数人的利益不就是国家利益吗？"多数人的利益"在数学上根本就不成立，布尔诺·德·梅斯奎塔举了个例子。

比如说现在有个国家，它有三个党派，各自代表全国三分之一的人口，各自有如下利益诉求——

• 共和党要求增加军费，加强自由贸易；

• 民主党要求减少军费，实行中等程度的自由贸易；

• 蓝领党要求增加军费，减少自由贸易。

布尔诺·德·梅斯奎塔给这些诉求画了张图（图1）[3]——

图中的那个黑点代表当前的国家政策，三个小点代表三个党的立场。我们用三个小点到中心黑点的距离作半径画三个圆，从中心点往每个圆里走，都符合相应的那个党的诉求。

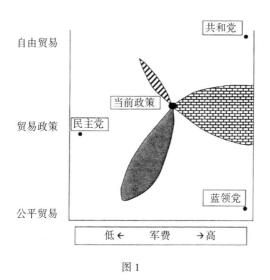

图1

那么请看图中三个圆两两交叉形成的那三个阴影区。如果你是总统，你实行任何一个阴影区里的政策，都能满足两个党的诉求，你都能代表全国三分之二的人口。可是这三个阴影区是互相矛盾的，它们到底哪个是"国家利益"呢？

这个数学原理是，个人可以有偏好，由个人组成的群体却是没有偏好的。把一个国家当成一个人，你一定会犯错误——然而政客们恰恰就在犯这样的错误。

***

美苏冷战期间，曾经有一个美国政治学者提醒美国政府，说光看苏联的军备行为并不能说明苏联要对我们采取什么行动。但是美国有个参议员叫埃文，他坚决不信。埃文说苏联刚刚装备了 SS-9 导弹，它能携带 1500 万吨当量的核弹头，你敢说苏联人这么干不是为了对美国采取行动吗？

但事实上还有一种可能性。苏联国防系统并不是铁板一块，它内部有多个兵种，不同的兵种部门之间在竞争，都想争取到更多军费。可能装备那个导弹纯粹是苏军内部竞争的结果，和美国根本没关系。

而政客往往看不到这一点。政客眼中的对手都是一个整体。

比如你是"北约组织"一个成员国的政客，你的对手组成了"华约组织"。北约组织内部各个盟国之间有各种摩擦，有时候协调不好，你都能理解。但是你眼中华约组织的那些成员国，却都是团结一致的。你不会轻易假设它们之间有什么矛盾。你会认为华约组织有一种非常稳定、非常有约束力的关系。如果华约的两个国家看起来有矛盾，行动不协调，你会认为它们一定是故意的，是在演戏欺骗你们。

再比如美国的共和党和民主党人士。他们看自己，都觉得组织太松散了，根本不能集中力量。但是他们看对方，都觉得对方是纪律性很强的政党。

还有，鸦片战争之前，有英国商人到广州经商，跟广州政府有很多摩擦。当时中国从皇帝到广州地方官都认为，英国商人一定代表英国政府，商人的所作所为必定都有深意，是英国政府在向中国挑衅。后来随着广州官员对英国人了解得更多，才意识到英国商人跟英国政府是两股势力，商人并不都是听政府指示的。

可是我们今天仍然在犯这样的错误。某个外国人发表反华言论，我们就会认为他的工作单位、他所在的组织，包括他的国家都在反华。可是我们想想，一个中国人能代表整个中国吗？不能。那为什么一个外国人就能代表他的整个国家呢？

***

我小时候总觉得中国政府对日本太过客气了。我特别不理解"把广大日本人民和少数军国主义者区分开来"这个说法，我认为它代表了中国的软弱。没有日本人民的支持，日本军国主义者能发动对华战争吗？日本那些军队不都是由日本人民组成的吗？

现在回头看，中国这个说法其实是对的。当年真正参加过抗日战争的那些八路军战士，反而对日本人还不错，还搞优待俘虏。为什么呢？因为他们接触过日本人。他们知道有日本人参加了八路军，有日本人坚定地反对军国主义。他们知道哪怕是侵华日军，在不同情境下也有不同的行为。比起我来，他们对日本的看法要准确得多。

如果你没去过日本，没接触过日本的好人，你会把日本当作一个整体，当成一个标签符号。如果你考虑日本的任何事情都只想到钓鱼岛和靖国神社，你就会错过日本的好东西。

当然日本人也应该反思，为什么不给中国人民一个好印象，为什么非得参拜靖国神社——但是谁能先理解对方的复杂，谁就先有更好的收获。

想要理解对方的复杂，最好的办法就是自己去接触。你看看对方阵营里是不是也有那种善良的、谦逊的、讲理的人，看看他们是怎么想的。

2020 年 5 月，就在很多西方人指责中国传播了新冠病毒的时候，一段中国的土味视频在推特上火了。这段视频叫《你要跳舞吗》，我真建议你找来看看。视频中是各种各样的中国人用各种各样有趣的、搞怪的、傻傻的动作在跳舞。

推特网友的评论非常正面：原来中国人并不都是整天憋着劲儿努力，板着脸就想跟人斗争。原来中国人也这样可爱，也在这样充满活力地生活。

问答

范德彪西老根：

请问为何我们看到的局面往往是：单个人拉出来都是善良、有风度、有正义感的，凑在一起形成的团体作出的决定却是有侵略性的或者自私的呢？

万维钢：

这可能是因为我们了解一个人比较容易。拉出来聊一聊，几句话就能证明这个人是善良、有正义感的。但是对于一大群人，我们确实容易把他们简化成一个团结的整体。而"团结的整体"立即就会让人产生防范心理。

共和党支持者眼中的民主党支持者可能是想要白拿别人财富的人，民主党支持者眼中的共和党支持者可能是冷酷无情的人。然而各种研究一再证明，老百姓投票和搞政治表态的时候恰恰是最无私的，是最善良、最有正义感的。人们不是为了侵略而投票，是为了做好人而投票。

美国学者布赖恩·卡普兰（Bryan Caplan）有本书叫《理性选民的神话》，我以前写文章介绍过。卡普兰说，如果美国老百姓真的是出于自身利益、出于自私而去投票，美国政治可能会好得多，经济学家会很高兴。你又不是蓝领工人，你又不在铁锈带住，你是自由贸易的受益者，你为啥还反对自由贸易呢？

答案是，因为我是个好人。投票的人那么多，我这一票对国家政策的影响力其实是无关紧要的，应该说等于 0。但是这一票能表达我的情感。投票支持我的理念，我对自己的感觉会很好，我会很自豪。

这其实是理性的。抒发情感是人的重要需求，利益不仅仅是经济利益。而且即使是那些投票符合自己经济利益的选民，他们想得更多的也不是为了经济利益，而是为了寻求公平，是为了抗议。

第一次海湾战争，老布什打伊拉克。世界

人民看到的是美国以大欺小，美国人民也有很多是这么看的。一开始布什政府给老百姓讲的故事是这场战争能保证我们的石油安全——结果老百姓根本不买账：我是那种为了利益就去当侵略者的人吗？后来政府改了一个故事，说是因为伊拉克先打科威特，还特意找一个科威特小女孩到国会现身说法，说伊拉克对科威特做了多么多么不人道的事情。结果美国人民群情激奋：这个英雄我们当定了！

美国知名社会心理学家乔纳森·海特在《正义之心》这本书中分析了自由主义和保守主义的道德内核。自由主义者最在意的是关爱、自由和公平；保守主义者虽然也在乎那些，但是同时还在意忠诚、权威和精神圣洁。不管支持的是哪个党派，人们内心都真诚地相信，这不是为了利益，而是为了正义。

7. 批判的起点是智识的诚实

前面几节我们列举了普通人思维的弱点，这一节开始说高级的思维方法。这里边有个特别霸气的名字，叫"批判性思维（Critical Thinking）"。批判性思维最早来自苏格拉底对柏拉图的教导，但是在我看来，它并不是科学思维方法中的一派，而是泛指一切严肃的、正规的、诚实的思考。"批判"，不是说我们要批评谁或者要推翻哪个理论，而是说我们要通过分析事实，形成判断。批判性思维，就是《中庸》说的"审问之，慎思之，明辨之"。

你找找这个感觉。有一件事，一般人都看不懂想不明白，大家一起来问问你老人家的意见。因为你是个读书人，你是个士，你能不能批判审问一番，给断个是非。

你想想这是多大的责任。要配得上这样的责任，你首先得学会控制自己的情绪。

***

2020 年的诸多大事之间有一件"小事"是这样的。日本福岛核电站自从 2011 年事故之后，积累了大量的废水——这些废水中含有氚和碳 14 这样的核辐射物质——日本政府考虑把废水排到太平洋里去。这个新闻在微博一出现，人们马上就不干了，纷纷谴责日本政府。

这是一种快速的、基于情绪的评判。情绪不需要了解事情的细节。"日本""政府""核辐射""排放"，看到这四个关键词，情绪马上就出来了，要慢慢琢磨的仅仅是怎么骂好。你可别这样。

情绪出来是正常的，但是批判性思维要求你别着急表态。

日本政府在福岛核电站事故中不是无辜的，可是问题总要解决。如果你是日本政府，你怎么办？谈辐射不能不谈剂量，自然环境中也有辐射，只要符合安全标准就是无害的。日本政府并不是要直接把废水排掉，而是要先稀释40倍，一边稀释一边排，总共要排30年。这么做够吗？如果不够的话，稀释80倍、200倍够吗？绿色和平组织表示了担心，日本国内也有人在抗议——可是别忘了，绿色和平组织对什么事情都爱担心，普通人对什么事情都不放心。我们需要科学和事实细节，而不是情绪[1]。

我们需要"慢思考"。丹尼尔·卡尼曼（Daniel Kahneman）在他著名的《思考，快与慢》这本书里把思考分成了两个系统。一个是"系统一"，是快思考，省时而且省力，立即就能达成判断。另一个是"系统二"，是慢思考，非常消耗精力。批判性思维肯定是系统二的慢思考，因为系统一的毛病太多了。

***

快思考容易犯各种错误，我们称之为"认知偏误（cognitive bias）"。前面说的奇迹思维、愿望思维、故事思维、基本归因谬误等都是认知偏误。人的认知偏误实在是太多了。

维基百科中"认知偏误"这个条目下 [2] 尽可能多地列举了各种已知的认知偏误。我特意数了一下，仅仅是决策类的认知偏误就有 110 个。再加上社会类、记忆类、概率与统计类、实验与研究类，总共肯定超过 200 个。难道说我们要把这 200 多个认知偏误都学一遍，以后有任何想法先对照列表看看犯了哪一条吗？当然不行。

你根本就不可能避免认知偏误，因为认知偏误其实是思维的快捷方式。情绪是人的本能反应，正因为有认知偏误和随之而来的情绪，我们才能把日子轻松地过下去。没有情绪是一种什么状态呢？世界上就有这样的患者，因为大脑受到损伤而破坏了情绪功能。他仍然很理智，但是他只会慢思考 [3]。研究者发现，他连最简单的决定都很难作出，坐在那里权衡利弊，老半天拿不定主意。

还有一个著名的病例，是一位姓名代号为 SM 的女士。她得了一种病，导致大脑的杏仁核功能受到了影响，而杏仁核负责产生恐惧情绪。这位女士没有恐惧感。你要是给她充分的时间，SM 能理性判断哪些事情是不好的，但是她没有发自内心的那种恐惧本能。她眼中的世界充满善意。

有一次 SM 在逛公园，一个陌生男子邀请她过去坐一会儿。她欣然地过去了，结果那个男的掏出一把刀来威胁她。

正常女性面对陌生男子的邀请，会有一种本能的戒备心理。害怕是非常有用的情绪。而且我们大脑的情绪系统是相当精致的：陌生男子邀请你你会戒备，但如果是一位老奶奶邀请你去跟她坐一会儿，你则不会感到害怕。你要非得说这是对男性的性别歧视也行，但是这个歧视有道理，这是合理的本能。

这个道理是，快速判断在大多数情况下都是对的，所以人在大多数情况下的确不需要科学思考。批判性思维绝不是要取消情绪，而是合理评估情绪。

很多时候，人们犯错误并不是因为情绪太多，而是情绪太少。一听日本马上想到抗议，这是一种情绪。但是对于那些有一定科学常识的人来说，一听核辐射马上问剂量，这也是本能反应，也是情绪。人脑中每时每刻产生的各种情绪都是互相矛盾的，你不能看哪个情绪强就听哪个的。

我们要倾听情绪，控制情绪，而不是被情绪控制。那往哪儿控制呢？

批判性思维的第一步，是你要搞清楚，你到底想要什么。

你不能盲目地坐在那里瞎想，思考必须得有方向。比如要画个思维导图，第一件事就是在这张纸的正中间，用最大的字写上你这次思考的目的是什么。

你是为了判断这件事的是非曲直吗？是为了自己获得利益吗？是为了影响别人吗？是什么都可以，但是你得想好。最不可取的是不知道自己真正想要什么，情绪上来了，宣泄一番了事。你真的只想黑一下日本政府吗？还是想树立一个关心时事、

热爱祖国的形象呢？立场鲜明的态度能让朋友们更
支持你吗？还是明辨是非更有意思呢？很多时候人
并不能诚实地对待自己。

明确自己想要什么，从事实出发，老老实实判
断，自己应该怎么说或者怎么做才能达到那个目
的，这就是智识上的诚实。知道你想要什么，为了
你想要的东西而努力，这就叫理性。

而"想要什么"其实并不容易知道，咱们举个
例子。

***

NBA 传奇巨星张伯伦有个著名的弱点。他得
分能力非常强，曾经一场比赛得了 100 分，是史
上单场得分最高的球员，但是他有个技术漏洞——
罚球命中率非常低，只有 40% ~ 50%。运动战投篮
都随便进，罚球这么基本的功夫居然才这么点命中
率，这跟巨星身份是极其不相称的 [4]。

但张伯伦并不是真的不会罚球。有一个方法
能大大提高他的罚球命中率，而且张伯伦在 1962

年 3 月 2 日创造 100 分历史的那场比赛中用的就是这个方法，他在那场 32 罚 28 中，命中率高达 87.5%。

这个方法是首先两手下垂，抓着球，然后从下方往上扔，让球走一根大大的抛物线。这样罚球，你的手臂和肩部肌肉很放松，姿势很舒服，手感会很柔和。这样的曲线，球就算没有直接入筐，打在篮板上也更容易反弹进去。那张伯伦为什么不用这个方法呢？

咱们中国打篮球的都把这个投篮姿势叫"端尿盆"。这个姿势太不雅观了。男性在篮球场上学的几乎第一条潜规则，就是"别端尿盆"。

男性的正确罚球方式是抬头挺胸，双手把球举过头顶，轻轻抛向篮筐。球离手之后手臂应该是上举，手心应该是向前向下。这个姿势高端大气，充满自信。但是对张伯伦来说，它的命中率很低。

张伯伦宁可命中率低，也不"端尿盆"。

畅销书作家马尔科姆·格拉德威尔（Malcolm Gladwell）在一个节目里专门说过这件事，说张伯伦这么做是不理性的。但张伯伦其实是理性的。

张伯伦的人生追求并不仅仅是赢球，他不只是一台打球的机器。张伯伦的确很想赢球，但是篮球之外，他还有别的追求——张伯伦非常喜欢女性，很在乎自己的男性魅力。

是，"端尿盆"能提高罚篮命中率，可是这又能让张伯伦多得多少分、多赢几场比赛呢？他的得分能力已经是联盟最强的，他赢的比赛已经足够多了——罚球命中率不是张伯伦赢球的大局。但是罚球姿势够不够阳刚，足以影响张伯伦吸引女性的大局。这边稍微少得几分，换取那边不大大减分，这样的选择怎么能说不理性呢？

***

我还听说过一个例子是足球比赛中的罚点球[5]。罚球球员通常会把球踢向球门左右两边的四个角，而守门员因为来不及反应，必须先赌其中一边去扑救。那么就有人经过数据分析，说罚点球的正确选择不是踢左边也不是踢右边，而是踢中间：守门员选边扑出去了，你踢中间正好进球。

的确有人踢中间。研究表明，踢中间的进球概率比踢两边高 7 个百分点。但是很少有人踢中间。为什么呢？

不踢中间也是理性的。踢中间，球要是进了还好——可万一守门员也赌你踢中间，他就那么站在那里不动，而你就这样生生地把球打在他身上没进……你会成为这场比赛最大的笑柄。球员是很想为球队赢球，但是他们也很不想让自己丢脸。

是的，人做自己常做的、利益攸关的事情时，是非常理性的。最需要科学思考的是陌生的场面。

***

科学思考的首要要求是智识上的诚实。批判性思维的第一步是明确思考的目标。

你的目标可以是多元的，并不是只有追求事业上的成功才叫理性。我希望文章受读者欢迎，同时我还希望写自己也喜欢的话题——为此我们可以稍作取舍，这不算是过分的要求。科学思考也不是让你放弃情感，如果你做这件事的目的就是投入某一个情感，那也可以。

但是你必须想清楚。我们做一件事往往是既想要这个又想要那个，然后还想要另一个；人的头脑中每时每刻都有各种情绪，它们互相矛盾。

你必须放弃一些目标，控制一些情绪，直面真实世界，从事实出发去考虑问题，这才算是智识上的诚实。

明确了思考目标，你就有了立场。

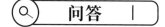

问答

Crazy Jane!：

批判性思维和辩证思维有什么区别？"批判"在英文里面是 criticize，翻译成中文后总觉得那个"批"字很严重，带着贬义和负面意思。而辩证这个词就更中立、更理性。

万维钢:

"评判""批评"这种词我们现代人用于负面比较多，但是中文和外文的本义都是中性的。康德的"三大批判"并不是说要推翻什么学说的意思，相当于"认真地分析审视"，或者"审问之"。"得到"出了一套《西游记》是"李卓吾批评本"，我特意买了一套，发现这里"批评"的意思只是在旁边说几句话，相当于网络小说和网络视频的那个"弹幕"。

批判性思维跟辩证法的区别，以我粗浅的理解，差不多是下面这样的。

批判性思维要求你作出一个明确的判断。这里有一个问题，你可以从自己的或者别人的什么立场出发，全面考察事实，用逻辑分析，最终必须给一个观点。

比如我是一个内蒙古的高中生，现在到了填报高考志愿的时候。到底要报考清华大学还是内蒙古大学，我必须得拿一个主意，那么我使用的一定是批判性思维。我会考虑到每个选项的利弊。比如清华的名气更大，但是内蒙古大学离家近。我会考虑可行性。比如我的实力能不能考上清华。我会有各种纠结，也许我暗恋的女生说要去清华大学，我可能要在家乡和爱情之间做痛苦的取舍。我得考虑现在和未来、利益和情感、情绪和理智。

但不管怎么说，我必须拿一个主意：清华大学还是内蒙古大学。批判性思维对我作这个决策至关重要。

辩证法，则是另一个应用场景。假设我报了清华大学可是没考上，女神和名校都离我而去，我不得不去内蒙古大学，这时候我就需要辩证法。辩证法会告诉我任何局面都有矛盾，矛盾是对立统一的，任何事物都有好的一面和坏的一面。清华大学离家远而且竞争激烈，我留在内蒙古大学可能如鱼得水。塞翁失马，焉知非福呢？

批判性思维本身也会考虑利弊——不过是真正对当前这个决策有效的利弊。而辩证法则善于发明一些利弊，只是强调"一方面……另一方面"，对各个方面的有效性似乎并不怎么感兴趣。我没考上清华，你要劝我想开点，肯定不能说"嗯，你上内蒙古大学也有利……只不过弊大于利而已"。

辩证法有时候能提醒我们要发展地、动态地看问题，不要把事物看死了。但批判性思维也不是只考虑现在，不考虑未来。批判性思维也会考虑所有的因素，只不过它会明确地给一个思考的结果。而辩证法似乎只是喜欢提供"另一面"思考方向。

你要是批判地看辩证法，那辩证法不是一个特别有效的思维方法；你要是辩证地看辩证法，那辩证法必然也有它好的一面。

8. 立场、事实和观点

　　请允许我先吐槽一下中国的基础教育。中国所有高中生都要学习写"议论文"，中国高考作文也是以议论文为主。议论文原本是最适合训练批判性思维的项目，但是中国学校教的议论文写法，不是批判性思维。

　　我大概调研了一下，中学老师们总结的议论文写作套路大约有六种，包括比喻论证、类比论证、举例论证、对比论证、引用论证、引申论证。这其中只有"举例论证"（列举事实）和"引申论证"

（对事理原因或结果的分析）谈得上是论证方法，其他都只能算是文笔艺术——它们能让你的文章显得有文采，但并不能增加说服力。而且请注意，举例不等于事实完备，引申不等于逻辑严谨，但是语文老师不会跟你讲这些。语文老师似乎根本不在乎"理"，只在乎"说"。

这样的作文其实是抒情论证、感叹论证、自嗨论证，简直是中文之耻 [1]。

美国是从幼儿园就开始教批判性思维 [2]。五六岁的小孩，刚刚能认字，勉强能读，甚至是听老师念一篇小短文的时候，就得学着从文中识别两种关键信息——

哪句话是"事实（fact）"，哪句话是"观点（opinion）"。

区分事实和观点是批判性思维的基本功。

简单地说，"事实"，是思考用的素材，是外界给定的东西，而不是你思考出来的东西。"观点"，则是每个人自己思考出来的东西。你不能说"观点无对错"——我们思考就是要取得正确的观点——但观点的确是可以讨论的，因为别人的思考不一定跟你的一样。特别是在正式的场合，正经的文章，比较讲究的人不太容易给你弄个错误的事实，大家争论主要是争论观点。

一般认为事实是客观的，观点是主观的。但你要是深究下去，会发现事实和观点之间并没有一根明显的分界线，你得考虑当前语境才行。这两个概念是最重要的思考结构。

***

事实，是现在就能用客观方法证实的陈述。"中国象棋双方各有 16 个棋子"，这就是一个事实，没什么可争论的，你要是不服咱俩可以一起数。

事实可以有真有假。比如有人说："成龙代言的产品大多都遭遇了惨败，成龙真是个品牌杀手啊！"这句话的前半部分不一定对，成龙代言了很多产品，其中到底有多大比例失败，你可能需要去调研一番——但是说话的人，是把这半句话当作"事实"去说的。前半句是他推理的论据，他不打算跟你争论这个。后半句是他推导出来的观点，是他说这句话的用意。

大多数情况下，只要不是做数学题，事实够了，观点也就有了。如果这个人的罪行都已经明明白白地摆出来了，该判多少年不是什么难题。而且一般人不至于故意把错误的事实当正确的说，多数情况下事实都是真的。但是在思考中，事实这个环节仍然有很多问题。

你可能没有使用全面的事实。人会有意无意地忽略掉一些事实，不顾事实，选择性地接收自己喜欢的事实。还有人故意用只给部分事实的方法误导别人。

美国法庭传唤证人作证的时候，证人需要手按《圣经》宣誓，誓词中有一句——"我提供的证据是事实，是全部的事实，而且只是事实（...the evidence I shall give shall be the truth, the whole truth and nothing but the truth）。"

我真希望所有人说事儿之前都先用这句话发个誓。这句话是说，你给事实还不行，你得给全面的事实，你不能故意隐藏关键事实。新闻报道在"真实"之上还讲究一个"客观中立",也是这个意思。

还有一种可能是，你以为是真的，其实是假的。还有可能你认为是确定的，其实是不确定的。普通人有各种深信不疑的东西都是错的。怎么才能判断事实的真假，如何取得高质量的事实，那涉及科学方法，咱们后面再说。

***

观点，是主观的判断。

比如说，"中国是个伟大的国家"，这就是一个观点。哪怕你同意我也同意，世界上所有人都同意中国就是伟大，它也只是观点。为什么呢？因为"伟大"是个缺乏客观精确定义的形容词。谁能说清什么叫伟大？至少在逻辑上，有人可以合法地认为中国不伟大。反过来说，"中国的国土面积是 960 万平方公里"，虽然不一定准确，却是一个事实。

观点包括价值判断。"这朵花是红色的"，是事实；"这朵花真好看"，是观点。"哈尔滨不是黑龙江的省会",是假的,但是也叫事实;"哈尔滨是个美丽的城市",是正确的,但却是观点。"恐怖分子是坏蛋""牧羊犬是最聪明的狗",也是观点。

观点包括个人的喜好和感受。"豆腐脑是咸的好吃""武汉的夏天太热了",这些都是观点。

观点还包括建议。"政府应该增加在基础科学方面的投入",是观点。凡是带有"应该"这两个字的都是观点,别人不一定认为应该。

对未来的预测也是观点。"我儿子这么聪明,一定能考上大学""中国将进入老龄化社会",这都是观点。只要这件事在逻辑上还有不确定性,你就不能说它是事实。

***

你可能觉得有时候不容易区分哪个是观点、哪个是事实,这其实不是你的问题,而是"观点"和"事实"这个划分方法就有问题。有很多事情在某些人眼中是事实,在某些人眼中是观点。

任何观察都有一个主观的视角,都受到语境的影响。比如"地球绕着太阳转"，你说是事实还是观点？对大多数现代人而言，这就是一个没什么话好说的事实。但是对某些哲学家来说，到底是地球绕着太阳转还是太阳绕着地球转，取决于你用的坐标系是什么——两者都对，都是你的主观判断，所以只能叫观点。

越是思想开放的人，越倾向把一些陈述视为观点；越是思想保守的人，越倾向把一些信念视为事实。比如"堕胎是不道德的，应该用法律禁止"这句话，你可能一听就知道应该叫观点，但是美国心理学家专门做过研究，有些人认为这是客观事实。你要想跟他讨论讨论，他根本不接受你的质疑。

我们没必要太过较真地区分事实和观点，我们的目的只是理解事实和观点的关系。

事实和观点的关系是事实决定观点。我们的思考一定是观点随着事实发生改变，而不能让事实随着观点发生改变。

保罗·萨缪尔森（Paul Samuelson）是一位著名的经济学家，得过诺贝尔奖，他写的教科书影响了几代人。有一年，萨缪尔森在教科书里说"5%的通货膨胀率是可以接受的"。过了几年，他的教科书改版了，这句话改成"3%的通货膨胀率是可以接受的"，后来又改成了"2%"。于是就有人提出质疑，说你这么大的一个经济学家，写的还是教科书，怎么说话变来变去呢？

萨缪尔森对此的回答是："当事实发生改变的时候，我就会改变观点。难道你不是这样的吗？[3]"

改变观点并不可耻。知识总是不断更新的，好的学者就应该随着事实的更新改变观点。

***

那既然事实是客观的，观点是可以改变的，为什么不是所有人都有一样的观点呢？这是因为有些观点不容易改变，甚至是不可改变的，因为它们不是从事实中推导出来的。这样的观点我们称之为"立场"。

你可以反驳别人的观点，但是最好不要轻易质疑别人的立场。立场是在思考之前就有的、可以不讲理的观点。

比如豆腐脑到底是咸的好吃还是甜的好吃，我就是坚定的"咸党"。你要跟我一起点菜，我会坚决要求点咸的，我不接受反驳。这就是我对豆腐脑的立场。

上一节说了，我们在思考之前，应该诚实地想明白，自己到底想要什么——这也是立场。立场是思考的出发点和方向。立场可能来自你的某一个情绪，是你从众多情绪中取舍的结果，而情绪本身是不讲理的，是理性为情绪服务。

立场可以来自利益。我的利益决定了我认为"这次涨工资应该优先给我所在的部门涨"。如果你代表你们公司去竞标一个项目，哪怕在竞标会上发现别家公司比你们公司更适合拿那个项目，你也只能尽全力为你们公司争取。

立场还可以来自身份认同。世界杯足球赛中国对巴西，我知道巴西踢得比中国好，但因为我是中国人，我支持中国队。

当然立场不是绝对不可以变的，但是轻易不能变。我们有时候讽刺那些不顾是非、一心往一个方向辩论的人是"律师思维",就好像律师收了钱就只能为委托人辩护一样,但是人其实都有立场。也许理想的思考应该没有特别的立场,或者说"我的立场就是要客观地明辨是非",但"没有立场"本身也是一种立场。

一般讲批判性思维的书很少提到立场,可是思考需要有个立场。现在人工智能已经能很好地从事实推出观点,作各种判断,但是它也需要立场。事实上,人工智能研究的一个难点就是机器很善于学习,但机器不知道自己为什么学习:你总是需要让人先干预一下,给机器设定好去学什么、命令它去学,它才能去学——它自己并不"想要"学习。

立场,代表思考的人性。

* * *

所谓批判性思维,简单地说,就是"通过分析事实形成判断"。我们这里说具体点——

批判性思维,是从立场出发,选取事实,通过逻辑推导，形成观点。

这个过程的每一步都可能出错。有的人立场不明确，不知道自己想要什么，一会儿被这个情绪左右，一会儿被另一个情绪左右，比如：又想升官又想发财，还想在上司面前保全面子。有的人直接从立场跳到观点，根本不顾事实，比如：因为我是中国人，所以日本干什么都不对。

还有一种情况是犯逻辑错误。专业的逻辑学，普通人听不懂也用不上，而简单的逻辑，像"大前提是什么，小前提是什么，所以什么什么"，我不相信有人会因为不懂这个而犯错。人们犯简单的逻辑错误往往不是因为不懂逻辑，而是他没把立场和事实捋顺。

批判性思维最难的地方是智识的诚实。只要诚实地对待立场、事实和观点，思考通常不是特别困难的事情。诚实还意味着"笃行之"——按照观点行动：如果思考的结果是想要的那个确实做不到，那就老老实实地接受。

Q 问答 |

老蔡：

请问万老师，我们平时读书学习，是为了获得客观事实还是获得作者的观点与立场？还是学习推导观点的逻辑？

万维钢：

综合的结论肯定是什么都可以学，仁者见仁智者见智。但是以我之见，同样是这里摆着一本书或者一篇文章，从中学习不同东西的人，他们的学法有高下之分。这里我冒昧地将"从书中学"的学法分为五档，咱们从低往高说。

第一档是学感觉。很多书你可能读过一段时间就忘记了，但是我听说过一个理论：对于你认识过、交往过的人，他们说的话、做的事你都可能会忘记，但是你不会忘记他们带给你的"感觉"。你喜欢这个人，讨厌那个人，这个人总是让你感到很温暖，那个人总是让你感到威胁，这种感觉你会一直记得。可能因为"感觉"是人脑更深层的记忆，记在杏仁核之类的地方，而一般的细节记在前额叶里——不管什么原因，"感觉"都是更强烈的记忆。

可能多数情况下人们读书就是记住了对一些事物的感觉。

比如说，我本来对"商鞅变法"的那个商鞅没有什么特别的感觉。可是多年前，在我未满三十岁，还有点青春年少的时候，我读了孙皓晖的《大秦帝国》。孙皓晖是绝对的"秦吹"，他把商鞅塑造成了一个大智大勇的英雄人物。这本书永久性地影响了我对商鞅的感觉。后来我读的书大多都批评商鞅搞军国主义，我赞同那些观点，我的理性反对商鞅，我很庆幸我不是秦国人……可是那个感觉还在，我还是莫名地挺喜欢商鞅。

第二档是学观点。读书人的观点和立场应该是自己的，不应该直接学习别人的。但是我们读书的时候都喜欢读那些有强烈倾向性的书，我们希望作者爱憎分明，有话敢说，最好有新奇刺激的观点。有观点有论述，一本书说下来才有意思，如果只是罗列一大堆事实，那只是流水账。

所以你一定会被作者的观点影响。那么这里就要提醒你，一方面要多读各种观点的书，兼听则明；另一方面要敏感地区分哪些是作者本人的观点，哪些是学界公认的观点，哪些是不容置疑的事实，哪些是未必可靠的事实。

区分了这些，将来你写文章或者说理的时候，应该优先运用不容置疑的事实和学界公认的观点。如果是引用作者本人的观点，那就得指出论证过程。最不可取的就是"因为某某名人是这么说的，所以这么说就是对的"——这种"引用论证"不是论证。

而作者也知道读者最容易接受的是感觉和观点，他会故意设法影响你的感觉和观点。那么高水平的读者，就应该从中跳出来。

第三档是学事实。越是读书多的人，越重视一本书里是否提供了新鲜的事实。我认为"精英日课"专栏的一个主要价值是给读者提供了一些新鲜的事实。现在价值最高的事实可能是学术界最新的研究结果,特别是实验发现。你可以完全不赞同我的观点和立场,但是因为我不惜花费巨量的时间去阅读和搜寻各种新的事实而你没有,所以我对你也有用。

同样是在自己的书里引用别人的书,你会看到,越是新手,越倾向于引用别人的观点;越是老手,越倾向于引用别人说的事实。高手写书引用一大堆参考文献,其中大多都是事实:这个实验如何说,那段史料出自哪里——事实必须有权威的出处,但观点都是我自己的。这体现了作者的荣誉感。你读书也应该这样。

第四档是学理论。理论描写了事物的运行规律,对事情的变化提供了解释。如果你相信一个理论非常可靠,具有普遍的适用性,你可以把它当作事实;如果你认为这个理论有参考价值但是不一定对,你可以把它视为观点。

理论是把事实串联起来形成观点的逻辑过

程。事实和观点都是"点",理论是把它们串起来的线。

学习理论,才是真正意义上的"学"。理论能给你提供思维模型和解题思路,能让你遇到类似的问题知道该怎么办。有的人知道一大堆奇闻逸事和名人八卦,可是遇到事儿束手无策;有的人立场特别坚定,可是遇到事儿不懂变通,这都是因为缺乏理论水平。

学理论要求系统性地学,得知道前因后果,得自己会推导,得做练习题。

第五档,可能是最高级的学习,是从书中跳出来,学习作者的手法。

咱们都学习过贾谊的《过秦论》和苏洵的《六国论》,都是千古名篇。但是从事实来说,这两篇文章没有任何史料价值;从观点来说,这两篇可以说纯属"小儿科"。《过秦论》把秦国灭亡的原因归结于不施行仁政,《六国论》把六国失败的原因归结于"贿秦",这都是用个人品德去类比国家政治,是典型的普通人思维,甚至可以说是戏曲思维。

　　你现在随便找个历史学家，他都绝对不会引用这两篇文章中的事实和观点。稍微有点"范儿"的历史爱好者都会从秦国制度的先进性和早熟性去分析其中的成败。

　　但是《过秦论》和《六国论》自有它们的高明之处。我们必须 think out of the box，跳出文章本身，考察这两篇文章的创作背景，才能理解两位作者当时为什么要这么写。贾谊写《过秦论》是汉文帝年间，国家需要休养生息；苏洵写《六国论》是宋仁宗年间，当时大臣们正在争论对外政策是应该强硬还是应该怀柔。

　　他们都不是在说秦国的事儿，而是在拿秦国说事儿。古人写文章不像我们"精英日课"都是就事论事，他们很喜欢借古讽今。读书读到这一层会有特别的趣味，你会同情作者的。

9. 语言、换位和妥协

　　科学思考者应该对人——包括自己和别人——有一个基本的信念，那就是人是讲理的。我们在生活中、在网上、跟亲戚朋友、跟陌生人总是会有争吵，有些争吵很激烈，很多争吵很愚蠢，但是你仍然要相信人是讲理的。

　　这一节咱们说说怎么说服一个人……或者被人说服。我们这里说的可不是什么"影响力""说服力"那种广告公关之类的说服，我们不讲动之以情。我们说的是"硬说服"，是晓之以理，是让人听了你的话之后永不后悔，他只会感谢你，因为他知道你说的真是对的。

你要学的不是"话术"，而是三个硬功夫：语言、换位和妥协。

我为什么对说服这么有信心呢？因为一个定理。

***

上一节咱们说了，批判性思维，就是从立场出发，选取事实，通过逻辑推导，形成观点。现在我要说的是，如果有另一个人，在某件事上跟你有同样的立场，知道同样的事实，那么你们两个人各自思考的结果就应该是一样的。你们对这件事不会各自有各自的观点。

比如你和你妻子发生了争论，议题是要不要让孩子周末去学国际象棋。如果你们的立场都是为了孩子好，我建议你俩各自充分举证，把你们所知道的有关孩子和国际象棋的一切事实都告诉对方，那么我敢说，你们必能达成一致。

这里面可有个数学定理，是博弈论专家、诺贝尔经济学奖得主罗伯特·奥曼（Robert Aumann）证明的，叫"奥曼协议定理（Aumann's Agreement Theorem）"。这个定理说，如果两个理性的人对一件事的先验信念一样，而且他们知道的这件事的事实是两人的共有知识，那么这两个人就能达成一致。[1]

也就是说，出发点一样，论据一样，结论就应该一样。如果不一样，二人中就必定有一个在智识上不诚实。

这个道理一点都不神奇。这就是为什么你在学校里做的那些练习题都有标准答案，为什么公共教育和全国范围的考试是可行的。不管你是山东人还是广东人，男人还是女人，只要你跟别人认同同样的前提，了解同样的事实，就应该得出同样的结论。你跟别人答案一致并不是因为你爱他们或者怕他们，而是因为你讲理。

"讲理"不是过高的要求，正常人都讲理。你跟任何人下棋，他不会因为下不过你就当场不承认比赛规则。你买个什么东西，卖家不会为了多要钱就创造新的加法运算。柏拉图在《美诺篇》中记载，苏格拉底曾经随便找了个对几何学一无所知的奴隶小孩，当场辅导这个孩子进行了一道平面几何题的数学推演。那孩子最终不是"盲目相信"了苏格拉底，而是被他的理论说服了。

那既然人都讲理，而讲理的人应该能达成一致，世间为什么还有这么多争论呢？可能是有人犯了逻辑错误，可能是双方了解的事实不一样，可能是双方立场不同。

逻辑和语言

有些争论表现为逻辑问题。日常的逻辑其实都很简单，大多数人犯逻辑错误并不是因为不懂逻辑，而是智识上不诚实，从立场直接跳到观点。

比如说，很多时候争论双方说的根本不是同一个事儿——

张桂梅："我反对我的学生当全职太太。"

微博网友："那你就是说全职太太都是堕落的

人呗？"

这就是两回事儿。张桂梅的本意可能只是反对她的学生去做全职太太。她一定要给学生树立一个这样的价值观，因为她知道农村女性中有太多结了婚就失去独立性、见识浅薄的全职太太了。微博网友想表达的，严格说来，是至少有一些全职太太也是了不起的、值得赞美的女性，她们也很独立，也为家庭、为社会做出了重要贡献。

这种情况其实是语言的"偏颇"，是双方的话都不够严谨。我相信只要双方都用严谨的逻辑语言把自己的意思表达出来，他们根本就吵不起来。

逻辑问题，通常是语言问题。人们急于表达情绪，不愿意认真体会对方的真实意思，甚至可能故意曲解。严肃的争论中不应该发生这样的事情。

事实与视角

有个笑话[2]是这样的。《罗密欧与朱丽叶》这部戏里有个配角是朱丽叶的奶娘。她出场只有几次，台词只有几句，戏服只有一套，你在一般的介绍中可能都看不到这个角色。有一次，有人问扮演奶娘的这位女演员，说你能不能用最简单的话概括一下，《罗密欧与朱丽叶》到底讲的是什么。

女演员说，"呃，故事主要讲了一位奶娘……"

我觉得这个笑话比"盲人摸象"更能让你体会到"视角"的重要性。一个人能看到的事实严重取决于他的视角。人们总是从自己的位置和角度去观察世界，你不能指望别人观察到跟你一样的事实。

而很多争论，恰恰是因为人们看到的是不一样的事实。

从前有个阿姨，出门忘了带钥匙，把自己锁在了自家门外。她打电话请来一位开锁的师傅，双方事先约定，这个活儿给 50 块钱。师傅技术无比熟练，不到一分钟就把锁打开了。目睹了全程，阿姨不干了，只想给师傅 20 元。

阿姨说："你这个活儿还不到一分钟，20 块钱足够了！"

阿姨看到的是事实，但不是全部的事实。开锁确实只用不到一分钟，可是学成这门手艺得花多少时间？来回路上要花多少时间？更重要的是，师傅一天能接到几个开锁的活儿？如果开一次只得 20 元，这份工作够他养家糊口吗？如果开锁的收入低到了这一行没有市场价值，阿姨下次找谁开锁呢？

师傅知道那些事实，可是阿姨不知道。阿姨不是舍不得 50 元，也不是不讲理，她只是受不了自己眼前的事实。

像这样的争论，只要双方把各自了解的事实都拿出来，充分交流，问题就可以解决。摆事实有强大的力量。哪怕是信仰不同的两个人争论一件事，只要双方能坐下来，耐心地一条条往外摆，你为什么信这个我为什么信那个，你为什么这么想我为什么那么想，列举所有的证据，梳理整个逻辑链条，他们终将达成一致。

别忘了证人那段誓词：事实，只是事实，全部的事实。科学思考一定要尽量拿到全部的事实。很多时候人们想不到还有别的事实，那是受到自己视角的限制。这种情况应该换位思考。一旦采用对方的视角，你通常就能想到还需要填充什么事实。

换位思考不是为了照顾对方，而是为了自己明白。不过如果双方立场不同，光靠换位思考就不够了。

立场和妥协

立场不同的两个人有可能达成共识吗？其实幼儿园的小朋友都已经学会了。我女儿今年五岁，因为疫情在家上网课，她们幼儿园的学习内容就包括怎样解决跟小朋友的冲突。

假设有三个小朋友要一起玩，各自提出一个不同的游戏，请问应该听谁的呢？

这是立场的分歧。我就喜欢玩这个你就喜欢玩那个，"喜欢"是不讲理的，你摆多少事实和逻辑都不能改变我的喜欢。这简直就是利益冲突。那怎么办呢？

老师说，首先不能指定一个人说了算，因为那不公平。公平的做法或者是投票，或者是轮流，或者是抽签——大家一起念一段儿歌，一边念一边依次指向每个人，儿歌停下来的时候指着谁就听谁的。而在此之外，老师还讲了另一个方法。那是一个五岁小孩似乎不应该学到的词——

妥协。

我们能不能把每个人的建议都考虑到，合并或者修改一下，找到一个大家都接受的方案？我想玩追人，你想捉迷藏，他想去游乐场。那么今天天气这么好，适合户外运动，游乐场上又没有什么地方可以藏人，咱们去游乐场玩追人行吗？

立场不同，可以妥协。妥协不仅仅是双方都在自己的立场上往后退，更是往"上"走，到比当前各自的立场更高的地方去找一个共同的立场。

是，我们当前的立场是我想玩这个你想玩那个，但是我们还有一个比这个立场更高的立场，那就是我们想要一起玩。一起玩，比具体玩哪个更重要。只要诚实地反思自己的立场，问问自己到底想要什么，分清楚什么重要什么不重要，我们仍然可以达成共识。

如果逻辑和事实都已经不容置疑，我们还可以质疑立场。改变立场就相当于换个新问题思考，是跳出了原来的问题。

其实你的立场没有那么坚定。我是喜欢咸豆腐脑，但如果现在只有甜的，我也能吃一碗。对我来说，豆腐脑的存在是比味道更高的立场。

***

总结一下。两个真诚、讲理的人如果发生争论，按理说不应该不欢而散。如果两个人就是不能达成一致，非得翻脸，其中一定有人犯了下面三个错误之一——

• 逻辑错误，因为情绪化的语言，从立场直接跳到结论；

• 没有掌握全部的事实，不会换位思考，只看到自己视角下的东西；

• 坚决不妥协，非得与对方为敌。

如果说犯逻辑和事实错误叫"蠢"，非得跟你为敌可能就得叫"坏"。但是在你指责别人"非蠢即坏"之前，能不能先反思一下自己？你充分理解对方的立场、事实和观点了吗？你想明白自己到底想要什么了吗？你在智识上是诚实的吗？

世界上之所以有那么多争论，并不是因为争论是不可解的，而是因为解决争论的成本太高，有些话说上一天一夜也未必能说明白。但是请注意！世界上有一个群体，非常愿意被别人用事实和逻辑说服，那就是学者。世界上有两个群体，非常善于跟人达成妥协，那就是商人和政客。普通人不是不讲理，而是没时间。普通人不是不妥协，而是涉及的利益太小。

可能很多人觉得被人说服或者对人妥协是很没面子的事情，其实不然。你要参加辩论赛，可能坚决不想被人说服，但是你知道吗？耶鲁大学有个学生组织叫"耶鲁政治联盟"，整天搞辩论，而他们的习俗却是不仅彻底击败别人加分，被别人彻底击败也加分：那也是你的成长。一个刚上大学的人怎么可能已经掌握了最正确的政治观、道德观和伦理观呢？[3]

不成熟的人参加谈判容易幻想绝不妥协，但妥协并不是弱者的行为。美国宪法不是打服的结果，而是各方妥协的结果。2019年，英国首相特雷莎·梅（Theresa Mary May）因为脱欧方案不被接受而宣布辞职，在辞职演说中，她带着哭腔，引用了一句名言：

"妥协不是一个肮脏的词。"[4]

我们可以被人说服，也可以妥协。因为人是讲理的。

问答 |

杰：

换位思考，说穿了也不过就是自己的视角从不同角度去看而已，而永远都不能准确地了解对方的视角究竟看到的是什么，我始终没办法理解"我"之外的人究竟在想什么，那我换的这个位，也只是自己脑海中自以为的视角，对吗？

万维钢：

是的，我们永远都无法彻底了解一个人，永远无法完全从对方的角度看一个问题，正所谓你不是鱼，你怎么可能知道鱼是怎么想的？但理解对方也好，共情作用也好，并不是非1即0的一个"全无全有"函数，而是一个连续过渡的数字。理解不了对方100%，能理解45%也很好啊。

一个关键是我们得愿意去理解别人。我相信人和人之间是可以在很大程度上互相理解的——不然你看小说为什么也会热血沸腾、看电视剧为什么也会热泪盈眶呢？

就像"集体心流"的现象：一群人在一起工作，可以配合到行云流水的程度。他们并不需要在所有频道上都互相理解，只要在工作思路上达成默契就足够了。

平时看一些文学作品也许有助于理解别人。人的确是复杂的，但没有那么复杂——你看多了之后，会发现人面对一件事的想法无非就是那么几种。现在作家绞尽脑汁想创造一个新角色，想发明一种对事情的怪异反应，都很难。

10. 怎样用真相误导

如果你能排除情绪干扰，那思考的最大问题就是事实。科学判断需要事实真相——只是真相和全部的真相。在我们这个现代世界，获得一点真相是容易的，难处在于获得全部的真相。而现在却有这么一门功夫，是用真相，而且只用真相，去误导别人。

我先给你讲两个虚构的故事，你体会一下这门功夫的厉害。

传说曾国藩跟太平军打仗的时候，有一次幕僚帮他起草了一份给咸丰皇帝的奏折，其中有一句话叫"屡战屡败"。曾国藩一看这么说可不行，就把四个字变了个顺序，改成"屡败屡战"，皇上看了果然中招。[1]

这两个表述说的是同一个事实，都是说总打败仗，但是性质完全不同：前者说明能力不行，后者强调精神可嘉。

政客非常喜欢玩这种"同一个事实，不同的表述"的学问。

多年前有部网络小说，灰熊猫的《窃明》。主人公黄石是个穿越者，在大明天启年间的辽东战场练出了强兵，跟后金作战非常得力。黄石的军中有个监军太监叫吴穆，他很高兴看到黄石这么厉害，但是又有点担心黄石会不会太厉害了，将来万一尾大不掉，会不会威胁朝廷。完全是出于一片忠心，吴穆给辽东经略孙承宗写了一封信，其中写道"……黄石勇如关张，不宜久居外镇，恐非国家之福"。

孙承宗收到信，理解吴穆的担心，但是他发现吴穆文化程度太低，用词不行。于是在给皇帝的奏折里，孙承宗把"勇如关张"这四个字改成了"勇如信布"。

你看出问题来没有？这两个说法都是说黄石很"勇"，但是性质完全不同。关张是关羽和张飞，是千古忠臣。信布指谁？韩信和英布[2]。信布不但勇而且太勇了，功高震主，最后都以被定性为谋反告终。"勇如信布"是强烈的暗示。

这两个故事里的套路毕竟还带有一点主观的提示。更高明的做法是只给事实，不作任何评价，让你自己形成他想要的观点。

***

英国作家、战略传播顾问赫克托·麦克唐纳（Hector Macdonald）有本书叫《后真相时代》[3]，其中提出一个概念叫"竞争性的真相（competing truth）"，意思是给你片面的真相，你会得出截然不同的观点。比如下面这两句话——

• 互联网拓宽了全球知识的传播范围。
• 互联网加速了错误信息和仇恨的传播。

两句话都是真相。如果只听到第一句,你会认为互联网是个好东西,应该大力推广。如果只听到第二句,你会认为互联网是个坏东西,应该严加管制。这并不荒唐,复杂的事物常常都是既有好的一面也有坏的一面,"竞争性的真相"就是只告诉你其中一面。

为什么不告诉你全部的真相呢?因为这些人想影响你的观点。

再举个例子。我们知道亚马逊最早是卖书起家的,那么亚马逊的出现,给图书市场带来了怎样的冲击呢?你问不同的人群,会得到不同的事实——

· 书店老板说,亚马逊让传统书店的业务大大衰退,很多书店都倒闭了;

· 出版商说,亚马逊的电子书定价太便宜,严重伤害了出版业;

· 作者说,亚马逊允许作者出版自己的电子书,并且给高达 70% 的销售分成,这使得更多的人能够以写作为生。

他们说的都是真相。那你说亚马逊是图书界的正义力量呢,还是邪恶力量?这取决于你站在谁的立场上……或者你只能说亚马逊是复杂的。

这个时代，"真相"像谎言一样能误导人，甚至比谎言更容易误导人，所以叫"后真相时代"。"客观中立"是个神话，人人讲述的基本上都只是部分的真相。当然有的人只是传播者，他不是故意要误导你，只是喜欢传播更耸人听闻的东西；还有的人是倡导者，他选择性地讲述一部分事实，是为了突出故事的主题；而有的人却是故意用竞争性的真相误导你得出不正确的观点。

咱们来看一个实战例子。美国前总统小布什就是一个误导者。在"9·11"事件一周年的讲话中，小布什告诉美国人民如下四个事实——

第一，伊拉克仍然在资助恐怖活动；

第二，伊拉克跟基地组织有一个共同的敌人，那就是美国；

第三，伊拉克跟基地组织的高层有长达 10 年的联系；

第四，伊拉克曾经培训基地组织的成员，教会他们制造炸弹、毒药和致命气体。

我们知道"9·11"事件是本·拉登策划、基地组织发动的。那么请问，听了小布什说的这四个事实，你会怎么想？你会觉得伊拉克可能跟"9·11"事件有关，或者至少伊拉克也在策划袭击美国，对吧？

小布什说的四个事实都是真的，但是他可没说"伊拉克要袭击美国"——那是你自己的印象。还有一个真相小布什没说，那就是根本没有证据表明伊拉克有计划袭击美国。你要是根据自己"推导"出来的观点支持小布什打伊拉克，可不能怪小布什撒谎。

撒谎多难堪啊，根本不需要撒谎。用真相误导并不仅仅是"只说一部分真相"和"讲个好故事"这么简单，麦克唐纳在他的书中列举了很多手段，简直就是一门艺术。

其中有三个策略最值得我们了解。

***

一个策略是用背景衬托。同一个事实放在不同的背景里，给人的感觉非常不一样。要不要讲背景，讲什么样的背景，是你叙事的关键。

比如 2017 年英国大选，工党在国会的席位比保守党少了 56 个，按理说这是工党失败了，对吧？但工党领袖科尔宾（Jeremy Corbyn）说工党赢了。为什么呢？科尔宾先强调了保守党本来可以得到更多的议席，现在才比我们多 56 个，我们真是不错了……

所以绝对的事实不重要，关键是你跟什么比：半瓶水可以叫半空，也可以叫半满。曾国藩的"屡败屡战"和孙承宗的"勇如信布"，也是引导读者跟一个特定的背景进行比较。

第二个策略是提供数字。数字会立即给人带来"多"或者"少"的感觉，而人们常常不在意你说的到底是什么数字。

特朗普有一次在国会说，美国有"9400 万人"都没有工作。这可是一个大数，要知道美国总人口才 3 亿 3 千万！可是真有这么多人失业吗？

经济学家定义的"失业者"是指那些想要找工作但是找不到工作的人，这样的人其实只有 760 万。特朗普说的这 9400 万，包括了学生、退休人员和根本不想工作的人。这完全是两码事，但是他的确没有说谎，而不懂的人的确会被误导。

第三个，可能也是最重要的一个策略，用咱们中国话来说，应该叫"定性"。事情就是这个事情，情况就是这么个情况，你把它定性为什么，它就是什么。

有人研究发现，在第二次世界大战的战场上，美军士兵中有 1/4 的人根本就没有开枪。为什么呢？因为他们不想杀人。杀人实在太可怕了，谁也不愿意做个杀过人的人。后来美军想了个办法：在训练中避免使用"杀"这个字。在战场上开枪，那不能叫"杀人"，应该叫"打击"敌人，是把敌人"放倒"。你别看仅仅改了个说法，士兵的感觉是非常不一样的。

再比如说，埃塞俄比亚因为粮食不足，很多人吃不上饭了，那这应该叫"饥饿"呢，还是叫"饥荒"呢？在国际慈善机构那里，"饥荒"这个词可是太大了。如果你把事件定性为"饥荒"，埃塞俄比亚立即就能得到大量的国际援助："饥荒"具有无比强大的号召力——而恰恰因为这一点，这个词绝对不能滥用。否则就好像"狼来了"一样，一有事儿就叫饥荒，下次真发生饥荒就得不到那么多援助了。

1994 年，卢旺达的胡图族对图西族展开了屠杀，但是美国克林顿政府迟迟没有把这起事件称为"种族灭绝"。为什么呢？因为如果是种族灭绝，美国就有道德义务立即干预，但是克林顿政府不想干预。美国等到 49 天之后才使用了"种族灭绝"这个词。然后克林顿本人承认，如果美国早点干预，卢旺达至少可以少死 30 万人。

孔子说："必也正名乎！""名不正，则言不顺；言不顺，则事不成。"说的就是定性。在事情还没有对所有人形成明朗局面的时候，政客们一定会力争定性。

你可能还记得 2020 年新冠肺炎疫情爆发之初，1 月底的时候，关于世卫组织会不会把事情定性为"国际公共卫生紧急事件（Public Health Emergency of International Concern，简称 PHEIC）"，无数国人曾经无比关注。现在回头看，你可能不觉得那个名号有多重要，那是因为你已经知道全部情况了。在当时，特别是对国际上不了解情况的人来说，叫不叫"PHEIC"可能干系重大。

***

事实决定观点，观点决定行动。乔治·奥威尔（George Orwell）在《1984》里有句名言："谁控制了过去，谁就控制了未来。谁控制了现在，谁就控制了过去。"这句话的意思是，谁控制了事实，谁就控制了人们的行动。

那我们应该如何面对这个"后真相时代"呢？

如果你在事实的供给侧，你应该讲一讲叙事道德，不要误导别人。当然说话、写文章肯定要有选择地使用事实，怎么才算不误导呢？麦克唐纳在书中提出一个标准——如果你的听众，后来花时间了解了你当初了解的所有事实之后，认为你当初的说法是公正的，你就算没有误导他。这话的意思按照我的理解，是说有没有误导，区别在于你是故意隐瞒一个事实，还是为了叙事效率没提那个事实。

而如果你在事实的接收侧，你怎么才能知道自己有没有被人误导呢？这就难了。以我之见，这里面有一个硬功夫、一个慢功夫和一个好习惯。

硬功夫是你要恪守逻辑。在头脑中画一张拼图，看看对方给的这些事实是否足以推出他想要的观点。如果缺少关键事实，想想对方为什么不说。这需要你有强悍的意志力。如果有人跟你说在苏格兰坐火车看到路边有一只黑羊，你不能就此认为苏格兰所有的羊都是黑的——你得说，"苏格兰至少有一个地方，这个地方至少存在一只羊，它至少有一面是黑色的"。

慢功夫是你平时就要对世界上的各种事儿有一个比较靠谱的了解。如果你已经比较了解伊拉克这个国家，小布什的讲话就不会轻易影响你的观点。这需要你有一个比较成型的世界观，而这个学习曲线无比漫长。

硬功夫能让你的观点在该被改变的时候可以被改变。慢功夫能确保你的观点不会轻易被人改变。

这两个功夫很难，但你总可以有个好习惯，那就是听事儿别只听"一方面"，永远要听一听"另一方面"。我们吸收信息一定要有个警觉，别人给你提供的很可能是主观的事实，是为了让你接受他的观点。

兼听则明，偏信则暗。别而听之则愚，合而听之则圣。

问答

小申：

政客用误导性的陈述或者数据（比如特朗普），等听众知道了真相后，即使那句话并没有毛病，但还是会有被骗的感觉，这样不是会起到反效果吗？被骗的那个感觉不才是最重要的吗？

万维钢：

直接说谎和用事实误导虽然本质上都是欺骗，但是被骗的感觉确实是不一样的。

直接说谎，这个谎话就可以被人拿出来，

任何人只要了解这个事实就马上可以判断这人是个说谎者。这个判断成本非常低，人人都能做到，那么说谎的影响就会很大。所以政客，包括一般的公众人物，都不太可能直白地撒谎。

特朗普是有史以来说话最不靠谱的美国总统，《华盛顿邮报》曾经说他当总统期间撒了超过一万个谎，平均每天 12 个。有个网站叫 FactCheck.org，专门记录和分析政客说过的话的真假，其中给特朗普开辟了一个专区（https://www.factcheck.org/person/donald-trump/）。那么特朗普说的谎都是什么样的呢？一般都是误导，而不是直接把一个白色的事实说成黑的。

咱们举个例子。2020 年 10 月 15 日，特朗普在北卡罗来纳州的一个竞选集会上说："拜登这一辈子，整整 47 年，都是靠做政客的工资生活的，对吧？可是他有好几处美丽的房产。他的生活方式看上去就像是年收入超过两千万美元。所以拜登非常腐败，每个人都知道。"

FactCheck 指出特朗普这个论断是虚假的。假在哪儿呢？假在拜登并不仅仅有作为政客的工资收入。2019 年，《福布斯》杂志估计拜登夫妇的总财产应该超过 900 万美元，其中大约 400 万美元是房产。拜登这些年的收入包括 240 万美元的演讲费和 180 万美元的图书巡回推广费。拜登还是宾夕法尼亚大学的教授，大学给了他超过 70 万美元的工资。再考虑到拜登当过 8 年美国副总统，他有这么多钱和那样的生活方式应该是正常的。

主流媒体完全可以把特朗普这番话定性为说谎。但事实上，定性是主观判断。

特朗普这个说法，会不会让他的支持者觉得他是在说谎呢？特朗普说拜登只是个政客而不是商人，这没错。特朗普说拜登家有好几处房产，拜登的生活方式是有钱人的生活方式，这也没错。特朗普说拜登的生活方式就像是年收入两千万美元的有钱人，这只是他的主观看法。谁也说不清年收入两千万的生活水准是什么样的，也许有些年收入两千万的富人生活水准还不如拜登。特朗普没说有证据表明拜登每年拿回家两千万美元。特朗普说拜登腐败，这听起来也可以解读成他是从"拜登的生活水准与收入不符"这个观察中得出的观点，而不是他在宣布一个事实发现。

特朗普不可能不知道拜登还有别的合法收入，他的确是揣着明白装糊涂，他这个说法确实非常 low（低级）。但是，他的支持者不会据此就抛弃他。事实上他的支持者也想这么说。

特朗普的支持者完全可以说，没错，特朗普看到的那些也是我看到的，特朗普说的话也是我想说的……啊，是吗？原来拜登还有别的合法收入，那我看他也不顺眼！他那些收入就算是合法的，也不合理！

我们可以假想一下，如果拜登过的是圣人般的生活，一心奉公，不置资产，只有一处住所还是国家给发的，子女都是蓝领工人，那特朗普非得说他生活很奢侈，就肯定不行了。如

果特朗普撒这样的谎，那就没有任何人会愿意
再听他说话。

用事实误导是非常安全的。把一个事实颠
倒黑白，人们马上就能给你指出来。但是用事
实误导一下，别人要想判断你这是误导，就必
须做大量的调查研究才行。你得真去调查一下
拜登的收入来源，才能合理地反驳特朗普。可
是即便你做了调查，读者还得有耐心听你的分
析，还得愿意坐下来一项一项地跟你一起帮拜
登算账，完了还得反过来相信特朗普是有意地
误导，而非只是在代表老百姓说话，这样他才
能认为自己是被特朗普骗了。

试问有多少人能做到这些？事实上愿意
去 FactCheck 网站核实一下政客言论的人都很
少。毕竟政治的真相距离我这个老百姓的生活
太远了，我儿子考试作没作弊对我很重要，特
朗普说的话是不是误导我哪有时间追究。这就
使得老百姓对公共事务的辩论往往都是糊里糊
涂的，而这也是理性的。

当然，这也跟一个社会的规范有关系。在

理想的民主国家，每个公民都应该把"不被政客误导"视为自己的神圣责任，人们应该强烈打击那些故意误导过公众的人。这个时代的人显然没达到那个水平。美国有人能弄一些像 FactCheck 这样的网站已经很不容易了。

11. 三个信念和一个愿望

最严格的思考需要事实、全部的事实和"只是事实"，可是事实有无穷多个，我们总不可能一个个亲自验证。思考总要有个边界。总有些事情，是你不假思索就接受的，你总得先信点什么东西。

这一节我们说说科学思考者的信念。这些信念是我们对世界的最基本立场，是默认的出发点，我们选择无理由地相信它们。

但是从纯逻辑上来说，它们只是信念。而且这几个信念的"可信性"一个比一个弱，最后一个简直太弱了，以至于我认为不能称之为信念，只能称之为"愿望"。

所以我们要说三个信念和一个愿望。

***

第一个信念是，有一种绝对正确、永恒不变、放之四海而皆准、在所有世界和一切平行宇宙中都一样的规律。

这个规律，就是数学。数学知识是绝对正确的知识。

为什么呢？因为数学说的不是任何一个"真实"世界里的事儿，而是逻辑世界，或者我们可以称其为"柏拉图世界"里的事儿。数学世界是一个抽象的存在。数学是完全自给自足的，不依赖于具体的事物。

比如我们这个真实世界中有 1 个橘子、1 个苹果、1 个人，但是并没有数字"1"这个东西。"1"只存在于逻辑世界，我们只能想象它。再比如说"直线"，真实世界里只有很直的线段，而没有绝对平直、没有宽度、无限长的"直线","直线"属于逻辑世界。

我们可以想象到逻辑世界，但是逻辑世界里的东西并不依赖于你的想象，而是由逻辑本身决定的。中国人承认的"勾股定理"，古希腊人叫"毕达哥拉斯定理"，说的是一回事儿。就算你穿越到另一个宇宙，你要能跟那里的人说明白什么是直角三角形，他们必定也能推导出同样的理论。

再比如说，每一副象棋都是具体的，但"象棋"这个游戏本身是一个抽象的存在。象棋完全由它的规则定义，和棋子是用什么材质制成的没有关系。不管你是跟中国人、跟外国人，还是到一个存在魔法的宇宙中去找神仙下象棋，只要你把规则说明白，你们的走法就是通用的。

数学知识都是"发现"而不是"发明"出来的。数学家并没有完全掌握所有的数学知识，我们仍然在探索逻辑世界里的事儿，我们的数学知识仍然在发展。非欧几何扩充了平面几何，哥德尔不完备性定理让我们意识到有些系统不能用有限长的语言描述，有时候某个"悖论"会督促我们把问题想得再清楚一些……但是目前为止，我们没有发现逻辑世界里有什么在根本上是自相矛盾的。

一切证明都需要用到逻辑，所以我们无法跳出逻辑去"证明"逻辑世界的正确性，所以这只是一个信念。我们坚信柏拉图世界是个永恒的存在。如果这辈子只信仰一个东西，那你应该信仰数学。

古希腊人对此深信不疑。他们意识到数学是永恒不变的理性秩序，而且认为这说明了数学的神圣性。凡是会发生改变的东西，比如日月星辰，虽然高高在上但是都会动，就次一等。像我们身边那些很快就会变旧、变老、过时、被毁坏的事物，就更次一等了。关于能变的东西的知识都是比较低等的学问，最高级的学问得研究永远不变的规律，说白了就是数学。

古希腊人这个信仰在后世的哲学家中引发了大讨论，人们质疑知识到底是不是永恒不变的。在我看来，那是因为他们把第一个信念和第二个信念混淆了。

***

第二个信念是，我们生活的这个真实世界，也服从于某种永恒不变的规律。

这个规律就是"科学"。我们相信世间所有事物都服从于一套科学规律，而这套规律可以用数学语言精确描写。但是科学的可信性比数学弱得多。我们坚信勾股定理，因为勾股定理说的不是任何一个具体的三角形，而是抽象的三角形，它是逻辑推导的结果。但科学说的，却都是具体的事物。

一万年前的人就知道太阳从东边升起，从西边落下。一千年前、一百年前、前天、昨天的人也都观察到了这个规律。可是你能保证这个规律一定是对的吗？你能肯定白天一定会变成黑夜、黑夜一定会变成白天吗？地球是个具体的东西，它的活动规律是我们"归纳"出来的，说白了只是一个经验而已。我们没有办法像证明勾股定理一样证明地球明天一定继续自转。

有的哲学家，比如笛卡尔，相信我们这个世界的规律是永恒不变的。但也有些哲学家，比如洛克、休谟，认为归纳法得出的结论根本不可靠，谁也不能肯定明天发生什么。其实他们说的都对，他们只是把科学和数学混为一谈了。从逻辑上讲，具体的事物确实没有"义务"符合抽象的规律。

但是，我们发现这个世界里那些具体的万事万物，的确非常符合数学。物理定律、化学反应方程式、生物学、社会科学，所有这些科学理论本质上都是在用数学描写真实世界里的规律。你要没想过，可能觉得这是天经地义的，但你只要仔细想想，就会意识到这简直是一个奇迹。

凭什么？凭什么都听数学的？数学不是柏拉图世界里的事儿吗？我们这个世界为什么也那么讲秩序呢？你算一算星体的运动，考察一下电子自旋的磁矩，你会发现用数学方程写下的理论，和真正测量出来的实验数据，相差无比之小。

匈牙利物理学家尤金·维格纳（Eugene Wigner），在 20 世纪 60 年代专门为此写了一篇论文[1]，说数学在自然科学中如此管用，已经不仅仅是"有效"了，简直是"不合理的有效性（Unreasonable Effectiveness）"。这个世界为什么这么兢兢业业、无比精确地符合数学呢？也许因为它是柏拉图世界的一个投影，也许因为它是某个数学家用方程模拟出来的。当代物理学家迈克斯·泰格马克（Max Tegmark）更是认为，我们这个世界其实就是数学的一部分：基本粒子不是什么别的东西，它们只是数学结构而已。

这使得有些人相信我们生活在一个数学宇宙之中。似乎只有这样，你才能解释为什么科学规律必须是对的。以前的哲学家不了解这些思想，但是我们也只能说"数学宇宙"只是一个信念。我们相信这个世界是讲理的。而且既然人也是这个世界的一部分，我们相信人类社会也有科学规律。

但我们不知道这个世界服从的到底是哪个规律。数学结构有很多种，柏拉图世界里每一个数学结构都对应一种宇宙，你不知道跟我们对应的是哪一个。牛顿定律已经被爱因斯坦相对论取代，弗洛伊德的精神分析学说已经被证伪。我们相信肯定存在一个描写这个世界的好的理论，甚至也许有个"终极"理论，但我们不能说自己掌握的就是最好的理论。这就引出了第三个信念。

***

第三个信念是人可以掌握世界的规律。

我们学科学、搞研究、做学问，都默认我们这么做是有意义的——世界不但有规律，而且允许我们发现它的规律。但从逻辑上来说，这是不确定的。霍金在《时间简史》中就问过这个问题：假设这个世界有一套物理定律，那我作为生活在这个世界上的人，必然也受物理定律的约束。那么，这套物理定律凭什么允许我们了解它呢？

象棋规则并不允许棋子们了解它，棋子只是被摆弄的对象。孔子说"知之为知之，不知为不知，是知也"；荀子说"天行有常，不为尧存，不为桀亡"，都只是说我们要尊重世界的规律，可没说我们可以去掌握那些规律。这个世界没有义务让你理解它。

比如说，我们知道宇宙正在加速膨胀，那如果宇宙膨胀的速度再快一点，可能几千年前人类觉醒、想要认识世界的时候，天空中已经只剩下很少的几颗星星。如果天空中只有太阳系的这几颗星星，你根本就无法推测这个宇宙曾经是什么样的。从这个角度来说，也许宇宙中有些信息已经永远地消失了，也许你永远都不可能知道宇宙当初是怎么产生的，万事万物到底是怎么来的。

那我们为什么还要钻研这些问题呢？只能说这也是一个信念。德国数学家大卫·希尔伯特（David Hilbert）有句名言："我们必须知道，我们必将知道。"——这其实是一句口号，是对一句拉丁文格言的回应，这句格言是："我们现在不知道，将来也不知道。"

你最好相信我们可以知道，不然怎么办呢？我们总不能只剩下对着大自然抒情吧？

对古希腊哲学家来说，掌握世界的规律是唯一值得去做的事情。苏格拉底说"知识即德性，无知即罪恶"，意思是人生的追求就是要了解这个宇宙是怎么回事儿，特别是要了解那些永恒不变的东西。柏拉图认为人不但可以知道，而且天生就知道，所谓学习其实都是回忆。基督教也说人可以理解上帝是怎么回事儿。中国的程朱理学有种种缺陷，但是它有个最大的进步之处——认为人可以追求"天理"。"存天理，灭人欲"这句话的局限之处在于"灭人欲"，但也有先进之处，那就是"存天理"。

这些其实都只是信念。有了这个信念，你才能有学习的动力。不过我们的学习动力可能只是愿望思维。

***

我们的愿望是，学习科学理论，会对我们有好处。

咱们中国传统讲"生生"，人活着就是意义，所以干什么都是实用主义。历史上，探索世界都是琢磨技术，不太讲科学。科学跟技术其实是两码事。科学想要的是世界的内在规律，是求知；技术是做出一个什么东西来，是有用。古代工程师不懂物理学也能做出无比精巧有用的机械设备。在这个意义上，中国古代只有技术而没有科学[2]。

中国人喜欢说"知识就是力量""实践出真知"，学习科学主要是为了有用。事实上，英文

science（科学）这个词，中国最早翻译成"格致"——来自《大学》"格物致知"这句话，是为修身齐家治国平天下做准备。真正学着日本人的做法，把 science 翻译为"科学"，是在 20 世纪新文化运动之后 [3]：这是把科学给升格了，是把科学本身作为追求。

所以我们中国人对科学其实并不是特别较真。这反而可能是件好事——我们不容易做出太极端的事情。人类近代史上有一些对理论特别较真的人，较真到认为不赞同某个理论的人就应该去死，那实在是太可怕了。其实不讲"理论"的人破坏力很小，真正造成巨大破坏的，是一群号称自己掌握了真理、要用真理去改造别人的人。

用科学理论武装起来的头脑一定是先进的头脑，这只是一个愿望。人类对世界的探索远未结束，你以为的那个理论不一定就是你以为的。而且就算你那个理论是对的，也不一定就应该按照它去做。幸福是个主观判断，原始社会的人什么理论都没有，也觉得自己很幸福。哲学家罗素说："我不敢让别人为我的信念去死，因为我不敢肯定那个信念是对的。"作家安德烈·纪德（André Gide）说："相信那些寻找真理的人，怀疑那些宣称自己已经找到真理的人。"

科学理论是事实还是观点？这取决于语境。当你用它的时候，你可以把它当作事实；当你研究它的时候，你应该把它当作观点。理论就好像法律一样。对普通人来说，法律是事实，是用来遵守的；但如果你是法学家，那法律就只是一个观点。

大胆探索科学，积极学习理论，但是小心翼翼地使用理论，我们最好有这样的态度。

***

批判性思维的前提是人是讲理的。科学方法的前提则是一个比一个弱的三个信念和一个愿望，我们可以把它们总结为四条立场——

- 理是存在的；
- 世界是讲理的；
- 人可以理解世界的理；
- 我们希望讲理对我们有好处。

我完全接受这四条立场，建议你也接受。而你应该知道，这些只是信念和愿望，不是纯逻辑推导出来的结论。接受这四条立场，我们便已经从纯理性往后退了一步。

而且退得还不够，还得继续退。思考其实是一种很脆弱的力量。

问答 |

连盟：

希尔伯特退休时说，我们必须知道，我们必将知道。

他曾经有一个梦，那就是找到一种终极方法，可以自动地、机械地完成数学证明，但是哥德尔终结了数学家们这样的梦想。

哥德尔不完备性定理证明了，自然公理体系一步一步通过逻辑推出的定理永远无法知道是不是正确的。

图灵停机问题让我们知道，有些事儿不亲身做一下，你永远无法通过理论知道结果是怎么样的。

俄罗斯数学家马季亚谢维奇解决了希尔伯特第十问题——随便给一个不确定的方程，能否通过有限步骤的计算，判断它是否有整数解。结论是上帝有时候面对很多问题也真的不知道答案，甚至不知道到底有没有答案。

沃尔夫勒姆说明了计算的不可约性——真正复杂的东西是无法进行简化的。

请问万老师，所有这些事实感觉上都是相通的啊，如果我们放弃幻想，抛弃愿望思维，是不是可以说，我们这个世界就是不可知的呢？

万维钢：

这些数学定理告诉我们，世界是不可"完全提前预知"的。并没有一个机械化的、自动的、比真实世界简单的方法能提前、100% 精确地告诉我们世界会如何发展，我们必须亲自经历了才知道。但这可不是说世界是完全不可知的。现实是世界不可提前预知，但世界又是绝对讲理的。这跟完全不可知是两码事。

我给你打两个比方。

比如说有这么一个世界 A，你生活在里面，每天都有很多惊奇。前几天太阳都是从东边出来，今天早上它突然从西边出来了。而且会不会落山你还不知道，因为据说几十年前有一次，太阳连续一个月都没落山。

人们平白无故地就能得到各种食物。有时候是罐头，有时候是水果蔬菜，有时候出现在村头的大树下，有时候直接出现在每个人的家里。而有些时候，又可能连续很多天没有食物，有些人还被饿死了。

村长有一天突发奇想，说我们应该自己种点粮食，或者至少把食物都集中起来统一安排使用，对生活有点掌控感。大家一听有道理，就一方面积极开荒种地，一方面派专人看管食物。可是第二天醒来，人们发现昨天好不容易开出的耕地都变成了大石头，集中起来的食物全都消失了。

其实不但是食物，有的人走着走着也突然就消失了。

那你说像这样的日子怎么过。这就是不讲理的世界，这才是真正的不可知。也许这个世界里有神灵在故意玩这些人，也许这个世界纯粹是某个小孩幻想出来的。

还有这么一个世界 B，这个世界里一切都是已知的。人们做任何事之前都已经知道了事情的结果，每天都只不过是按部就班走流程而已。这个世界里没有任何意外或者惊喜，所有事情都是注定的。这是绝对的已知。

我们很庆幸，我们这个世界既不是世界 A 也不是世界 B。我们这个世界很讲理，同时又具有一定的不可知性。日月星辰的运动都非常有规律，就算偶尔发生一次超新星爆发之类的罕见事件，我们也知道那背后是有原因、有原理的。我们这里几乎没有什么凭空发生的事情——就算是量子力学的随机性，也有明确的概率。我们这里大多数情况下劳动会有收获，把食物攒起来不会凭空消失——就算真的出了问题，也一定有原因，有人负责。

我们这个世界很讲理，所以我们才值得去搞科研，去学习。我们这个世界仍然有不可完全提前预知的可能性，我们才对未来有所期待。相对于世界 A 和世界 B，我们这儿简直是最理想的设定。

要不怎么爱因斯坦会这么说呢？——上帝是不可捉摸的，但是他并无恶意。

12. 奥卡姆剃刀

这一节咱们说说好的"理论"是什么样的。从纯逻辑角度来说，什么样的理论都有可能是正确的——但是科学思考者有一个特别的审美取向。

这个审美取向能让你专注于值得的思考。有些理论不值得你思考。

你想必听过"杞人忧天"的故事。这个故事对科学的重要性被大大低估了。

***

杞国有个人整天担心天会塌下来，担心地会下陷，就去请教一个有学问的人，号称"晓之者"。晓之者告诉他，天只不过是气体，包括日月星辰也无非是会发光的气体，就算掉下来也不会砸伤你；而地早就把所有的虚空都填满了，根本不会下陷。解释完后，两个人都很开心。

我看各路主流的成语典故讲解，包括维基百科和百度百科，讲"杞人忧天"就讲到这里。人们的理解是天地不可能出问题，所以杞人忧天是没必要的担心。这个理解其实是误读。

作为现代人，你知道晓之者的解释是错的。日月星辰不都是气体，天上的确可能会有陨石掉下来把人砸死，大地也的确可能发生地震。那你说到底应不应该担心呢？

"杞人忧天"出自《列子·天瑞》，这个故事还有下文。一个明显比晓之者水平高得多的人，叫"长庐子"，对此有个相当高级的评论。长庐子说天地都是有形的实体，既然是实体就必然有毁坏的时候，怎么能说天崩地陷不可能呢？那既然有这个可能性，我们为什么不担心呢？

长庐子说杞人的担心是绝对合法的，逻辑没毛病。那现在有这么一个逻辑上合法的可能性，你担心还是不担心？其实我们现代人也有跟杞人一样的问题，杞人并不傻。"杞人忧天"故事的精髓，是接下来列子的说法。

列子的回答是——

"言天地坏者亦谬，言天地不坏者亦谬。坏与不坏，吾所不能知也。虽然，彼一也，此一也。故生不知死，死不知生；来不知去，去不知来。坏与不坏，吾何容心哉？"

列子说，是，确实有这个可能性，但是这个可能性距离我太远了。我连生死这么常规的事儿都没想明白，未来那么多事儿我都不知道，我哪有脑容量担心天崩地陷这么缥缈的可能性？

我敢说列子这番话就是我们对科学理论的终极审美标准。"杞人忧天"，是中国版"奥卡姆剃刀（Occam's Razor）"。

***

关于什么样的问题值得被像搞科研一样严肃对待，什么样的理论称得上"科学理论"，哲学家有过各种争论。

卡尔·波普尔（Karl Popper）提出一个标准叫"可证伪"，意思就是你这个理论得能作出一个什么预言来，让我检验一下才行。

比如说，"一切事物都是上帝的安排""世界其实是虚拟的，你看到的一切都是用计算机渲染出来的效果""有个神灵正在时刻看着你的一举一动"，这些理论就是不可证伪的。是不是上帝安排的，是真实还是虚拟，有没有神灵看着我，对我又有什么区别呢？可能你说的都对，但是对错与我无关。

反过来说，"你做的任何好事和坏事，都会在15天之内遭到报应"，则是一个可证伪的理论。这样的理论对我的生活作出了明确的预言，我必须非常关注，而这样的理论有出错的风险。

可证伪，是说你这个理论敢冒出错的风险，才值得我严肃对待。

可证伪是个很好的标准，但并不是唯一的标准。比如说，"天地有一天终将毁灭""你明年一定能找到女朋友"，这些话也是可证伪的。但这是科学理论吗？我们根本等不到天地毁灭的那一天，科学家根本不在乎你能不能找到女朋友。这么想的话，科学理论似乎应该是对事物的某种一般规律的描述，而且这个规律得有实用价值才行。

波普尔的"可证伪"只是一家之言，现在对科学并没有一个统一的定义。我们也没有必要非得寻找一个严格的定义，毕竟没人指望你给科学理论颁发认证证书，但是我们可以有一个心法，也就是我说的审美。

这个审美取向的标准就是"奥卡姆剃刀"。

***

"奥卡姆"是个英国的地名，奥卡姆剃刀的提出者叫奥卡姆的威廉（William of Occam），是 14世纪的一位修士。奥卡姆剃刀是一个哲学法则，意思是如果现在有好几个理论都能对一件事情作出解释，都能提供同样准确的预言，那你应该选择哪一个呢？你应该选使用假定最少的那个。

这句话有时候被简化为"若无必要，勿增实体"。有些人对奥卡姆剃刀的理解是追求简单——如果有一个简单的理论和一个复杂的理论是等效的，我们应该选择简单的那个理论。其实不是简单的问题，关键在于"假设少"。我给你举个例子。你说为什么地球绕太阳一周的时间，每一年都是一样的？对此有下面两个解释——

第一，这是上帝的安排。上帝希望人的生活有固定节奏，所以安排每一年的长度都一样。

第二，这是因为地球在做规则的椭圆运动，因为没有什么因素年年改变地球轨道。

奥卡姆剃刀要求你选择第二个解释。第一个解释在逻辑上也没毛病，但是它必须假设上帝存在，上帝很关心人的生活节奏；第二个解释则不需要任何假设：数学决定了轨道自然就是这样。

牛顿的力学三大定律发表在《自然哲学的数学原理》这本书中。这本书的最后，有一章叫《哲学中的推理规则》，牛顿讲了一些哲学，解释了为什么要把物理学写成定律。他列了四条规则，后面三条等同于我们上一节说的那个"世界有规律"的信念；而第一条规则，其实就是奥卡姆剃刀。牛顿说的是——

"寻求自然事物的原因，不得超出真实和足以解释其现象者。"[1]

说白了就是，如果我这三条定律已经足以解释万事万物的运动，你们就不用再想别的原因了。更直白一点就是，如果引力已经足以解释行星的运动，你就没有必要再说什么"每个行星背后有一个天使在推着它动"。再直白一点，我牛顿也信仰上帝，但是我认为上帝统治世界的方法应该是规定几个定律，而不是一个一个单独安排各个物体怎样运动。

奥卡姆剃刀的本质不是"简单"——而是"浅"。你应该选择最浅显的理论。能把事情说清楚就可以了，没必要深挖背后的原因。牛顿说了三大定律就可以打住，他根本不用说上帝为什么这么干。

浅显，就是科学理论的价值观。

为什么杞人不应该担心天塌下来？因为天塌下来这种事我们没见到过。没有别的证据，那么"天不会塌"这个理论就挺好。如果从哪天开始天上动不动就往下掉陨石，咱们再研究这个问题也不迟。

再比如说，牛顿力学已经被爱因斯坦相对论推翻了，那牛顿力学还是科学吗？当然是。我们的日常生活，包括火星旅行，用牛顿力学都足够了。如果不是因为一些极其特殊的物理现象只有相对论能解释，我们就根本不需要相对论。是因为有观测证据，是因为"光速不变"这个事儿实在没有更浅显的理论能解释，我们才相信时空是弯曲的，我们才严肃对待相对论。

奥卡姆剃刀这个原理说，如果你没有任何证据就整天在那儿想时空到底是平直的还是弯曲的，那你就是杞人忧天。

***

奥卡姆剃刀是思考的刹车：千万不要想太多，能用浅显的道理说明白的，就不要深挖别的原因。

平时一旦发现自己想多了，就赶紧想想奥卡姆剃刀，你的日子会好过一些。

咱们看两个心理学上的应用。

以前奥地利有位著名歌剧导演叫赫伯特·格拉夫（Herbert Graf）。格拉夫小时候有个毛病，特别怕马。当时没有汽车，满大街都是马车，小赫伯特每次出门都特别害怕。

本来这是个挺简单的事儿。小赫伯特四岁的时候目睹过一次马车交通事故。当时车翻了，拉车的马倒在地上疯狂乱踢，小赫伯特可能是怕马咬他。他后来跟父母说，特别怕马眼睛上和嘴上的"黑色东西"，也就是马的眼罩和口套。这些都很正常，对吧？

但是赫伯特的父亲，音乐评论家马克斯·格拉夫（Max Graf），认为这件事背后另有原因。格拉夫是当时盛行的"精神分析"理论的信徒。这门学问认为人的各种怪异思维都跟性欲有关系，就连对四五岁的小孩，也有个"幼儿性欲理论"。于是格拉夫给一位心理医生写信，问儿子为什么怕马。

这位医生一听就明白了：这不就是"俄狄浦斯

期"吗？处在这个年龄的孩子都有一个"恋母弑父"情结：他想要摆脱父亲，独自和漂亮的母亲待在一起——是母亲的温柔激发了孩子的性欲。你儿子为什么怕马眼睛和嘴上的黑色东西？那其实就象征着父亲的眼睛和胡子！他怕马的本质是不愿意出门，他是想留在家里独自和心爱的母亲待在一起！

这不胡说八道吗？小赫伯特的症状仅仅是怕马，可没说他不能离开母亲。而且没过几年赫伯特对马的恐惧就消失了。我们用"小孩因为受到一次惊吓而对马产生了恐惧心理，长大了就不怕了"这么一个浅显的理论就足以解释这一切，完全扯不到俄狄浦斯身上去。

第二个案例。一个十三岁的小女孩 A，邀请同学 B，也是一个小女孩，来家里玩。两人玩的过程中，B 低头看手机，A 突然想起同学总拿 B 跟她比较，而且都说自己不如 B，一时感到很愤怒，就拿起马扎砸了 B 的头，结果 B 被砸晕了。A 感到很害怕，可能是怕 B 醒过来告状，也可能纯粹就是太慌乱，失控了，竟然继续打 B，最后把 B 杀死了，还进行了分尸。

有人使用犯罪心理学对 A 进行了分析[2]，搞了个理论叫"嫉妒会杀人"，说嫉妒有多么多么可怕，积累到一定程度就会如何如何……像这样的理论有意义吗？这个案件明明用"层层正反馈"和"非常罕见的一个偶然事件"就能解释。

现代心理学给我们最大的一个教训就是不要推测别人的"动机"。人脑是个多元政体，每时每刻都充满了各种声音，代表互相矛盾的情绪。人连自己都说不清自己的动机是什么，你要非得问动机，他只能给你现编一个。英国行为科学教授尼克·查特说"思维是平的"[3]，人的临场想法都很浅，深层动机都是讲故事。

动机没用，但是行为模式很有用。有一类常见的犯罪是丈夫杀妻子、男友杀女友。你要分析其中的犯罪心理学，能讲出很有意思的故事，但是你很难预言哪个丈夫会杀自己的妻子。反倒是有人不管什么心理学，直接考虑行为模式——比如说男方是否失业了，是否打过或者威胁过孩子，是否严格控制女方的日常活动——按照行为列表打个分，就能相当准确地预言女方被害的可能性。

行为模式，就是牛顿力学定律描述行星如何运动。犯罪动机，则是给你一个"天使推着行星运动"的解释。

奥卡姆剃刀要求我们，如果行为模式足以说明一个现象，就不需要再挖什么深层的东西了。如果最简单的心理学已经能解释这个人为什么做这件事，你就没必要深挖他童年的性欲。

***

不懂科学的人常常把科学想象得无比高深莫测，其实科学理论的价值观恰恰是寻找最浅显的说法。相对论和量子力学之所以难懂，不是因为物理学家故意想那么深，而是因为只有那样的理论能描写实验观测到的那些怪异现象。科学理论是最朴实的理论，从不装神弄鬼。

奥卡姆剃刀要求你想得越少越好，越浅越好。这个人的动机是什么？我不在乎。我只在乎他的行为模式，因为真正影响世界的是他的行为模式，不是动机。这个世界的本质是什么？我不知道，我只知道这个世界里一些事物的运行规律。电子到底是个什么东西？我不懂，我懂的只是描写电子行为的一组方程。

我认为奥卡姆剃刀能带给你一种比较酷的气质。有点想象力当然总是好的，你可以偶尔畅想各种事情，但是没必要整天担心不值得担心的东西，也不应该把过多时间浪费在虚无缥缈的东西上。

直到你有新的证据为止。

问答

ssew：

万老师，最近刚刚看完莫里斯·克莱因（Morris Kline）写的《数学简史》，里面讲到，数学从欧几里得《几何原本》的公理化思维开始，从确定性到富有争议，分支了很多学派。这让我的认识从数学是绝对确定性的，变成了数学不是绝对的真理，不存在100%的确定性。我的问题是：现在的数学各学派都怎么看待数学的确定性这件事情？是否有统一的认知？

万维钢：

现代数学没有"学派"。数学家之间的分歧，一方面是价值观的分歧，比如说这个值得研究还是那个值得研究；一方面是对未知数学结论的猜测的分歧，比如 P 和 NP 到底是不是等价的。这些都只是个人主观的想法而已，不是数学结论。

设想如果现在有个数学家站出来，说我证明了 P=NP，这里是我的证明过程，那么，关于他这个证明是对是错，全体数学家一定能在有限的时间内——比如说一个月之内——给一个确定的、达成共识的结论。数学界不可能出现一派数学家说这个定理对、另一派数学家说这个定理错的情况。数学里的对错是绝对的。

那为什么历史上会有学派，为什么公理化出了问题呢？那是因为以前人们对数学的认识有所不足。以前人们默认几何学就是平面几何，曾经争论过欧几里得第五公设到底需不需要，两条平行线永不相交这个事儿到底是不是一条公理。后来人们意识到几何还可以是曲面上的，这个问题就说明白了。

这就好比说有些人下国际象棋，有些人下中国象棋，你可以说这是两派人——他们用的规则不一样，他们研究的是不一样的系统，但不能说"象棋"有矛盾。

同样是下国际象棋，有的人开局喜欢西西里防御，有的人喜欢后翼弃兵，你可以说这两种打法是两个门派，但也不能说国际象棋有矛盾。

事实是现代学科，特别是自然科学，已经没有"学派"这个说法了。以前物理学有过"哥本哈根解释"，听起来像是一个学派，但那是因为对量子力学的理解确实可以五花八门。在没有足够实验证据的时候，人们可以有各种猜测；一旦实验出来，物理学家们就会被统一在一起。科学家在事情未知的时候会有各种猜测，但这不是科学结论的分歧。

事实上就连经济学都不爱讲学派了。以前中国大学教经济学专门有个名词叫"西方经济学"——仿佛对应的还应该有个"东方经济学"，现在大家默认经济学就是西方经济学。经济学家历史上有各种门派，什么"新古典""芝加哥"之类的，那是因为大家都没把经济学想明白，谁也说服不了谁，那是暂时的现象，是学科不成熟的表现。

13. 我们为什么相信科学

"科学"可能是我们这个时代最厉害的词。如果说一个东西"不科学",那就是宣判了它不行,它表现得再好也是偶然的和不值得学习的。如果我们说什么东西是科学的,那就说明它不但是对的,而且是高级的,代表最高的认识水平。如果有问题,我们就想要一个科学的答案。

可到底什么是科学呢?科学是一个形容词吗?科学是一种行为吗?科学是一套知识,还是一套方法?我们为什么相信科学?科学和不科学的区别到底在哪儿？

我先给你出一道选择题。四个选项中只有一个是最正确的——

我们为什么相信科学？

A. 因为科学知识是客观的。

B. 因为科学是一套方法。

C. 因为科学理论是可证伪的。

D. 因为科学家很厉害。

正确答案可能出乎你的意料。

"科学是什么"，你问科学家是不行的，你得去问哲学家。这就好比鸟自己并不知道什么是鸟，你得问鸟类学家才知道什么是鸟。

方法

科学和迷信的最大区别是什么呢？19世纪有位法国哲学家叫奥古斯特·孔德（Auguste Comte），提出了一个关键洞见：宗教迷信给你的是"教条（doctrine）"，科学则是一套"方法

（method）"。授人以鱼不如授人以渔，如果第一个人只告诉你什么是什么，第二个人却告诉你如何取得知识，你就应该听第二个人的。

相信方法，就是要重视事实调研，而不是听从别人给的预设立场。弗朗西斯·培根（Francis Bacon）曾经把"科学方法"总结为下面五步——

• 观察；

• 提出理论假设；

• 用你这个假设作出一个预言；

• 做实验来验证预言是否成真；

• 分析你的结果。

如果结果符合你的预言，你的理论就可能是对的；如果不符合，你就需要修正假设。

1910年，美国哲学家、心理学家约翰·杜威（John Dewey）写了一本书——《我们如何思维》[1]，正式提出"科学方法"是判断科学和不科学的标准。杜威有个来自中国的学生叫胡适，胡适有句名言叫"大胆假设，小心求证"，说的就是科学方法。我们相信科学并不是因为科学是什么"权威"，而是因为科学的方法厉害。这个认识够高级吧？

一般人，包括很多科学家，对于"科学方法是什么"的认识就到此为止了，但是这个认识太浅了。其实这套方法并不足以让人相信科学。

比如你听说了牛顿力学，就在家里抛小球做实验，发现牛顿的重力加速度理论是对的。你能说你验证了牛顿力学吗？你只能说在你家这个地方，对小球来说，牛顿力学是对的。那别的地方和别的东西呢？你敢说登陆器在火星上的运动也符合牛顿力学吗？太阳系以外呢？就算你做的所有实验结果都符合牛顿力学，你也只能说你的结果"支持"牛顿力学，而不能说你验证了牛顿力学。这个道理就如同就算你看到的所有天鹅都是白色的，你也不能保证天鹅就一定是白色的……你无法排除黑天鹅存在的可能性。

这就是"归纳法"的局限性。这儿有个新药，对美国患者都有效，那你能肯定它对中国患者也有效吗？一个以美国大学生为实验对象得出的心理学理论，你能说它对亚洲人也适用吗？你不知道。

思考需要事实、只是事实和全部的事实——可是你永远都无法验证全部的事实。事实可以误导，绝对的客观公正根本就是一个神话，科学理论也不可能是绝对客观的。如果牛顿力学可以被相对论取代，你又怎么能说相对论就一定是对的、就不会被别的理论取代呢？

只有数学可能绝对是对的。对真实世界来说，没有任何方法能判定一个理论绝对是对的。现代的哲学家有很多观点都不一样，但是有一点是他们的共识[2]：根本没有什么一锤定音的"科学方法"。

证伪

进入 20 世纪，卡尔·波普尔横空出世，他是只要你谈论科学哲学就不得不提的人物。波普尔的招牌观点叫作"可证伪"。波普尔说，科学不是方法，而是态度：科学的本质是"我不信，我要提出质疑"。

想要证明一个科学理论，那是不可能完成的任务；但是证伪一个理论则只需要一个实验。1919 年日全食，亚瑟·斯坦利·爱丁顿（Arthur

Stanley Eddington）观测到本该在太阳背后的星光出现在了太阳的正面，说明空间不是平直的，牛顿力学立即就被证伪了，爱因斯坦这才上位。

所以波普尔说，科学家真正应该追求的不是证实，而是证伪。科学理论，是用来等着被证伪的。波普尔还把这个思想推广到了政治上，提出"开放社会"的概念，说知识分子的使命就是去质疑。"可证伪"这个观念现在已经深入人心。

然而真实的科学家并不是整天都在"证伪"。"可证伪"大多数时候根本不具备可操作性。

我给你举个例子，密立根油滴实验。物理学家罗伯特·密立根（Robert Millikan）把一些非常小的油滴通过电场悬浮在空中，根据油滴的重力和电力这两个数值，就能计算出油滴带有多少电荷。密立根发现，不管油滴大小，它的带电量总是一个数的整数倍，比如有时候是 3 倍，有时候是 4 倍，有时候是 7 倍——那么这个数，就必定是最小的电荷单位，也就是单个电子的电荷。这个实验让密立根获得了 1923 年的诺贝尔物理学奖。

好，现在我们本着波普尔的质疑精神，请你重做一遍油滴实验。

我敢打赌你做不成。我上大学的时候做过这个实验的模拟，操作实在太难了，会遇到各种麻烦。假设你的实验结果跟密立根的不一样，没有发现电量都是某个数的整数倍。那请问，你能说你证伪了密立根的理论吗？

你当然不能。实验结果不对，可能是密立根的理论有问题，但更可能是你的实验操作有问题，也许你的仪器不精确。就算你对自己的实验很有信心，也不一定仅仅是密立根错了啊——你做计算要用到电磁学和牛顿力学，为什么不是电磁学和牛顿力学也错了呢？

事实是，密立根本人也好，后来重复油滴实验的物理学家也好，都有意无意地修饰了自己的数据，他们是刻意地想让实验数据符合理论 [3]。重复油滴实验的那些物理学家根本就不是在证伪！为什么呢？因为他们知道，证伪是个没有建设性的动作，是无法得出新理论的！

这个道理是，要验证也好，证伪也好，你必须得先信点什么东西才行。什么都不信，不是做学问。你总要维护一些什么东西才行。你得相信牛顿力学、电磁学和你的实验仪器，才谈得上使用它们。

可是你那个"信"又是从哪儿来的呢？

共同体

"信"只能是来自科学家的集体。最早认识到这一点的是一位出身微生物学家的哲学家，路德维克·弗莱克（Ludwik Fleck）。以前的科学哲学家都默认科学是科学家单干的行为，弗莱克说不对，科学其实是科学家的集体行为。

没有哪个科学家是孤立的。每个学科都是一个共同体，所有科学家形成一个个圈子。科学家们总在一起开会，写论文互相引用，编写教材，讲课带徒弟。"民间科学家"才单干，真正的科学家必须入圈，必须尊重同行的工作。你的实验成功与否不是你自己说了算，必须是科学共同体说了算。

科学进步不是由某个科学家使用某个方法推动

的，而是由科学家这个集体推动的。这就引出了另一位科学哲学的大人物，托马斯·库恩（Thomas Kuhn）。

库恩的招牌概念叫"范式"。所谓范式，就是科学共同体对当前局面的共同认识。量子力学出现之前，所有科学家都认为原子是一个一个的小球，都是粒子，这就是范式。量子力学出来以后，人们认识到微观世界的"波粒二象性"，有了不确定性的观念，这叫"范式转移"。

要点在于，范式转移并不经常发生。大部分情况下，科学家是在当前范式之内搞研究。你不是质疑共同体的理论，你是补充和完善那些理论。你的实验结果要是跟范式对不上，最大的可能是你实验有问题，而不是范式错了。只有当证据实在太明显，很多科学家都反复证明了以前那个范式确实失效了，范式转移才会发生。

库恩这个说法的问题在于，他不能说明为什么这个范式比那个范式好。并没有一套标准化的操作方法，比如让科学家们开个会，投票表决要不要范式转移。范式转移有点像"涌现"现象，不是安排

出来的 [4]。

***

孔德说科学不是教条是方法，波普尔说科学不是方法是态度，弗莱克说科学不是个人是集体，库恩说科学不是单个理论是范式，他们说的都有道理。

在他们的基础上，最新一代科学哲学家，比如美国科学史专家内奥米·奥利斯克斯（Naomi Oreskes），有两个关键认识 [5]——

第一，科学不是方法，而是一系列的实践；

第二，科学不是个人的事，而是社区的事。

"当前科学理解"

科学是一个社会行为。所谓科学知识，其实是当前这一代科学家的集体共识，仅此而已。

回到这一节开头的问题。我们为什么相信

科学？

这就好比在问，一个清朝人为什么承认大清政权的合法性？他不是用逻辑推导了出来爱新觉罗家族就应该是中国的皇族正统。他承认清朝，是因为大清有兵。而我们之所以相信科学，是因为科学家很厉害。所以这道题你应该选 D。

这就是为什么"精英日课"专栏总爱说"当前科学理解"——我从来没说过我们在使用"真理"，因为真理根本就不是科学这门业务所能得到的东西。当前科学理解，是当前这一代科学家共同编织出来的、对世界如何运行的一套描述和解释。

但是请注意，我服从当前科学理解可不是因为我害怕科学共同体，并没有人拿枪指着我说你文章必须这样写；我服从它，是因为我对科学共同体表示服气。科学共同体有四个厉害之处，你不得不服。

第一，它是相对客观的。没有绝对的客观，但是相对于科学家个人的各种偏见，科学共同体是比较客观的。客观是因为这是一个开放的、充满多样性的群体。你从哪儿来、怎么想、用什么方法都可以，只要能说服我们就行。

第二，它有很强的纠错能力。科学家和科学家不搞互相吹捧，永远都是互相质疑的关系。你提交一篇论文，审稿人的任务就是给你挑毛病。科学家互相批评但是又很讲理，他们是最愿意被人说服的群体。

第三，科学家有创造性。科学家不是一群机器人，科学研究不是在执行算法。"没有科学方法"的意思是不存在标准化的科研操作，每一代科学家都在发明自己的研究方法。科研活动就像是一门艺术，而这恰恰保证了科学能够不断地发展。

第四，科学这门业务永远联系实际。有时候科研活动跑偏了，比如超弦理论已经跟实验没关系了，或者宏观经济学模型解释不了中国的经济增长，那么就一定有科学家跳出来反叛：我不跟你们蹭论文了，我非要去看看中国到底是怎么富起来的。科学家在意的永远是真实世界。

我们信任科学是因为我们信任科学家。这就如同你会信任医生、信任水管工一样。并不是因为他们身上带有魔力，而是因为他们就是做这件事的。

水管工的任务就是知道哪根水管哪儿出了问题，科学家的任务就是发明新理论，对理论提出质疑，兢兢业业地把理论跟真实世界进行对比，不讲情面地互相批评。

民间大师做不到这些，传统疗法做不到这些，所以我们选择不信任他们那些社区，而信任科学家。

我们号称是科学思考者，可是我们已经从纯逻辑后退到了讲立场、讲信念、讲希望，又后退到讲审美，现在又后退到了讲社区。这是我们对真实世界不得不做的妥协。

但我们这个信任是有条件和边界的。我们知道"当前科学理解"不一定对。

问答

砂鍋餅乾：

想请问老师对于社会科学的看法是什么。

我们对社会的研究到底是一种探索，还是只是一种对历史发生的事件进行的总结与归纳？又，正如这一节说到归纳法与证伪的局限性，我们所总结出的规则，真的对未来具有指导意义吗？

万维钢：

关于社会科学，我们必须分辨清楚它是一种什么意义上的"科学"。

自然科学的看家本领是能对世界作出预言。比如说，我们可以预言天体的运动、化学反应、材料的稳定性，等等。自然科学的运作模式是我找到了一个规律，用这个规律对未来作出了一个预言，然后你们可以随便做实验去验证我的预言——可重复，可检验，可证伪。

那么如果你类比自然科学的这个性质，说社会科学也能发现社会运行的规律，并且对未来作出预言——那么你心目中的社会科学，被哲学家称为"历史主义"。

历史主义认为人类社会的发展存在一些客

观的规律，这些规律决定了人类未来的发展必定有一个大趋势。当然，具体是什么趋势，不同的学者可能有不同的看法——也许有的学者认为强大的民族必定战胜弱小的民族，有的学者认为未来必定是西方文明和东方文明的冲突，有的学者认为未来全世界必定是天下大同的社会，都行——关键是只要你认为未来有一个不可抗拒的趋势，你就是"历史主义者"。在历史主义者眼中，世界上的人只有两种：一种是推动这个趋势前进的人，一种是抵抗这个趋势的人。这两种人的斗争可能会加快或者减慢这个趋势的实现，但最终结果一定是推动者战胜抵抗者。

历史主义是把自然科学映射到社会上的结果，听起来很有科学味道。

但是，卡尔·波普尔说，历史主义，不是科学。

波普尔的逻辑是这样的。考察一下人类历史，你会发现历史受到知识和科技进步的强烈影响。有蒸汽机和没有蒸汽机、有互联网和没有互联网，人类历史会很不一样，可以说是科技在左右历史。而科技本身是不可预测的，并没有任何数学定理说蒸汽机这种东西一定能被人类发明出来。那既然历史受到一个不可预测的东西影响，历史本身怎么可能是可预测的呢？

我觉得波普尔这个论证还不够彻底。波普尔有个学生叫乔治·索罗斯（George Soros），也就是那位传奇的金融大鳄。索罗斯在波普尔的基础上，提出了一个观念叫"反身性"，说得更彻底。反身性的意思是，因为"人"这种东西能听懂你的理论，所以你对"人"的预测会影响他的行为，而因为他可以改变行为，你的预测也就没有意义了。

比如说，"明天会下雨"，这是一个自然科学论断，我们坐在家里这么预测不会影响结果，所以自然科学可以是科学的。但是，我要说"你是我的敌人"，这可就不是自然科学的预测了。

可能你本来不是我的敌人，我明明是说错

了——但是你听到我这么说，你就决定当我的敌人，结果我预测对了。那你说我到底是预测对了还是错了？

反身性在社会科学中比比皆是。比如我们想选拔聪明的孩子进大学，于是就发明了"高考"这个选拔方法。如果所有孩子都不搞备考，你来个突然袭击，上来就考，那这个方法确实能选拔到聪明孩子，很科学。但是孩子们知道了你的选拔方法之后，纷纷开始刷题备考，以至于原本应该用来学习新知识、探索世界的时间也被用来刷题，而且刷题能力并不是你想要的那种聪明，结果"高考"这个选拔方法就失效了。

这就好比在金融市场中，你说有"科学的"炒股方法吗？你只要发明了一种特别能赚钱的炒股法，别人就会效法——那么接下来就会有人像刷题一样，看看你这个方法考察的是什么指标，然后专门做出来那些指标，于是就会导致大量原本不优秀的股票也符合这个方法的选股标准——于是你的方法就失效了。

再比如说，马克思断言资本主义一定灭亡，可是为什么这么多年过去了，资本主义没有灭亡，反而很多以前的社会主义国家都在搞资本主义呢？你也不能说马克思的理论一点作用没起到。也许恰恰是因为有了马克思的预言，资本家考虑到这么下去要出大问题，必须赶紧提高工人的福利待遇，才导致资本主义没有灭亡。

因为这种反身性的特点，关于社会发展规律的理论早晚都会变调，各种预言都可能反转。所以按照波普尔"可证伪"这个标准，历史主义必定不是科学。

但是我们前面讲了，"可证伪"并不是判断科学与否的终极标准。就算社会科学永远都不能作出准确的预言，我们也不能说社会科学"不科学"，也不能说人类社会的运行完全没规律。事实上，心理学、社会学、政治学，包括金融学中都有很多规律，只不过有些规律是互相矛盾的，以至于你无法利用这些规律赚钱。

懂得一些矛盾的规律，比不懂规律要好得

多。这就好比老球迷看足球比赛：他并不见得比不懂球的人更能准确预测比赛结果，但是他能看出门道，他知道谁是场上的关键人物，有时候真能提出有效的建议。社会科学也有一个很靠谱的共同体，正如关于"这里谁懂球"，大家还是能看出来的。

社会科学不能精确使用，但是可以用来借鉴，可以帮助想象。你看明白之后，可以选择往一个方向推动社会改变，也可以选择抵抗别人的推动。你发现了一个炒股赚钱的方法，就可以先用起来，毕竟距离别人抄袭你还有一段时间。

所以我认为波普尔说得很有道理，索罗斯说金融是炼金术也没毛病，但是，这并不意味着社会科学都是胡扯。社会科学是不是"科学"，取决于你怎么定义"科学"。我们应该相信社会有规律，但是应该拒绝相信社会有什么放之四海而皆准、永远不变的规律。

14. 演绎法和归纳法

相信科学不是盲目的信任。作为科学思考者，我们不但要知道科学的结论，更要理解科学家的解题思路，不然你依然是一个不思考的人。这一节我们说说科学研究中最常用的两个方法，相信你在日常思考中也能用到。

***

演绎法（Deductive Reasoning），是指运用一

个现成的理论，通过逻辑推导，形成判断。

做数学题完全就是演绎法。从已知的定理和公理出发，经过若干的推导和计算，形成一个结果。还有最早来自亚里士多德的、最基本的逻辑"三段论"，也是演绎法——

- 大前提：人都要吃饭——这是要用的理论；
- 小前提：这些士兵也是人——这是理论的适用范围；
- 结论：这些士兵需要吃饭——这是对理论的运用。

我们平常说"讲理"，本质上就是演绎法。我们要学习科学知识、掌握各种理论，都是为了要用演绎法。演绎法的要点是你不能光记住几个别人说的结论，你应该掌握一些理论，自己能在各种场合举一反三、活学活用。

归纳法（Inductive Reasoning），则是在没有理论的情况下，从一些事实出发，自己总结出一个理论，也就是从案例中发现规律。

比如说，你注意到不管是上体育课还是干体力活，男性的表现都要比女性好，于是你得出一个结论：男性的身体素质比女性好。这就是归纳法。你没有使用任何理论和现成的知识，你只是从事实中总结了一个规律。

我们平常说要有"洞见"，要"积累经验"，要潜移默化地训练一种感觉，这些都是归纳法。使用事实验证理论的假设，也是归纳法。

简单地说，演绎法是从理论到对事实的判断，归纳法是从观察事实到总结理论。这两个方法都有弱点。使用演绎法可能高估理论的适用范围，作出一厢情愿的推导；使用归纳法可能因为不完全的事实得出片面的规律，容易出黑天鹅事件。

科学思考应该两种方法一起用：归纳法能帮助演绎法做事实验证，演绎法能帮归纳法寻找规律的发生机制。

比如说，你观察到，在数学竞赛中拿名次的大多都是男生，于是你得到一个理论：男生更容易在数学上达到高水平。这是归纳法。可是你能据此就不让自己的女儿搞数学竞赛吗？不能。

你不知道为什么有这个规律。是女生不如男生聪明吗？还是因为大部分女生不愿意学数学？如果是后一个原因，也许你恰恰应该鼓励女儿学数学。找到一个规律是不够的，你必须了解那个规律背后的机制是什么才行，为此你需要演绎法。有事实有理论，这才叫完整的思考。

说着容易做着难，咱们讲三个实战例子[1]。

女性应该受高等教育吗

1873 年，哈佛大学医学院教授爱德华·克拉克（Edward H. Clarke）出了一本书——《教育中的性别：女孩的公平机会》[2]，提出女孩不适合接受高等教育。他说，高等教育会对女孩的身体造成损害，特别是会让卵巢和子宫萎缩，影响生育能力。

这是一个匪夷所思的观点，但克拉克可是用最新科学理论演绎出来的。当时物理学家刚刚提出"热力学三大定律"，是知识分子心目中最时髦的理论。克拉克用热力学第一定律——能量守恒——演绎出来一个关于身体的"有限能量理论"。他说，身体的总能量就这么多，高等教育会让女孩的大脑和神经系统消耗大量能量，那她们的其他生理系统，比如子宫和内分泌系统，收到的能量就必定减少，能量减少自然就会导致发育问题。

我们今天来看，他这个推导的槽点实在太多了。男孩也应该受能量限制啊，为什么男孩就可以接受高等教育呢？学习到底能消耗多少能量？多吃点食物补充不行吗？为什么高等教育对女孩的伤害专注于生殖系统，而不是别的功能呢？再说，去工厂工作和当家庭主妇难道就不消耗能量吗？克拉克的演绎法没有考虑这些。

克拉克的归纳法也存在严重的不足。他在书中列举了几个女性的故事，都是接受了高等教育或者参与到传统上只有男性参与的工作的女性，都面临各种生理失调等身体问题……但是案例只有 7 个。

而就是这么一本有严重方法缺陷的书，竟然总共出了 19 版，影响了美国 30 年。而在克拉克的书出版 4 年后，就有人发表了相当全面的实证研究，找到几百个案例，都说明接受高等教育并没有让女性有任何生理上的不适感，可是没有受到重视。

我们现在来看，这简直太荒谬了，但是考察历史得用当时人的眼光去看，考虑在当时的那个信息条件和文化背景之下，人们如何判断。女性接受高等教育在当时绝对是个新生事物，而女性当家庭主妇或者从事别的劳动则是"正常"的。克拉克用一个新理论研究了一个新事物，得出了符合人们直觉的结论，所以他就立住了。

哈佛教授、最新的物理学、演绎推理、科学名词……你应该知道，这些旗号并不能确保一个观点是对的。

魏格纳是正确的吗

你肯定听过大陆板块漂移理论。这个理论说以前地球上各个大陆是连成一片的，后来因为火山喷发、地震之类的地质运动分散开了，慢慢地板块运动，成了今天这个样子。这个学说是正确的。我们要讲的是它在科学史上的一个大乌龙。

早在 1912 年，德国地质学家阿尔弗雷德·魏格纳（Alfred Wegener）就提出了大陆漂移学说。魏格纳可不是民间科学家，他不仅仅给出一个猜想，还做了大量研究。他在 1915 年出了一本书，名叫《海陆的起源》，他还在 1920 年、1922 年、1929 年先后改进了这个学说。但是，魏格纳没有得到主流学术界的认可。

为什么学术界不接受魏格纳的学说呢？很多人，包括我自己都写过文章，说那是因为魏格纳提出的只是假说，他并没有给出板块漂移的地质学机制。但是据内奥米·奥利斯克斯说，其实不是那样的。仔细考察历史会发现，魏格纳给出的恰恰是机制，他用的是演绎法。

当时不接受魏格纳学说的主要是美国的地质学界。美国不接受的原因，恰恰就在于魏格纳用的是演绎法。20 世纪的美国地质学界极其反感演绎法，因为他们认为演绎法不民主。

演绎法是我掌握一个权威的科学理论，就可以从中推导出来各种结论，你们不服不行。这是不是有种很霸气的感觉呢?

当时欧洲科学家比较愿意搞这一套,但是美国科学家更喜欢讲民主、多元、平等、开放头脑。他们喜欢归纳法。美国地质学界训练研究生教的都是这样的研究方法——

• 先观察事实。

• 提出不是一个,而是若干个假说。你必须平等地对待这些假说,就好像父亲必须平等地对待自己的每个儿子一样。

• 采集新的事实例证,一个个地排除假说,最后剩下的就是你的理论。

归纳法的要点是从观察到理论,而不是从理论到观察。这几乎成了美国地质学界的教条。可是魏格纳的学说恰恰是先给你一个大假说,再去找各种证据证明这个假说,这就让美国地质学界很反感。其实欧洲学界对魏格纳还可以,但这个好理论还是被耽误了。魏格纳没有看到自己的学说被主流接受的那一天,他在1930年考察冰原的时候遇难身亡,年仅五十岁。

演绎法的确给人教条感,可是"反感演绎法"

也是一种教条。这就是"不审势即宽严皆误",科学研究没有固定的方法,必须灵活运用才行。

那我们把演绎法和归纳法都好好用,是不是就能得出科学结论呢?也不一定。

优生学是科学吗

优生学现在是学术禁区。你要敢说我们能不能研究研究,让基因好的中国人多生育,基因差的少生,改造一下中华民族的人种,你立即就会被批评成"纳粹"。但是请注意,纳粹德国当年实行优生学可不是原创的,而是跟美国学的。

优生学的思想非常直观,是直接从达尔文进化论演绎出来的。生物的性状可以遗传,父母强强联合生出的下一代也会比较优秀,这能有什么问题?而且植物学家和动物学家一直在对猪牛羊什么的搞科学育种,非常成功,为什么就不能对人也来个科学育种呢?

达尔文的表弟,弗朗西斯·高尔顿(Francis

Galton）就推崇智力，希望用优生学提高一个民族的智力水平。不过，他被"回归平均"的统计学现象所困扰，对优生的前景不是很看好，而且他1911 年就去世了。

但是优生学这个想法实在太有吸引力了，美国总统西奥多·罗斯福（Theodore Roosevelt）尤其推崇。1910 年，美国成立了优生学记录办公室。这个办公室想得很好——我们对优生学不能光用演绎法，还需要用归纳法，我们要寻找实证证据。

你当然不能拿人做实验，但是你可以做田野调查。优生学记录办公室雇用了 250 个调查员，用了十几年的时间挨家挨户做调查。比如说，那些不是很聪明或者情绪上很软弱、自制力差的人，他们的下一代是不是也有同样的问题呢？调查结果是肯定的，人的品性特质确实具有继承性。

好，那既然演绎法和归纳法得出了同样的结论，美国政府就行动了。20 世纪 30 年代，美国有32 个州通过了绝育法，也就是强制那些被认为有问题的美国公民绝育。后来纳粹德国学的就是美国这套，只不过比美国做得更极端。

那你说，难道优生学真是对的吗？我们现在不搞优生只是因为伦理问题吗？当然不是。

有演绎、有归纳也不一定就是正确的科学结论。事实上，当时就有很多生物学家反对优生学。为什么呢？因为家庭代际传递的不仅仅是基因，还传递了生长环境。比如说，营养、教育、语言能力、文化、经济条件，所有这些因素都会影响孩子的成长，你怎么知道到底是基因，还是这些环境因素导致孩子有了好的或者坏的特征呢？

有生物学家说，头发和眼睛颜色，我们知道绝对是基因传递的，其他的我们不知道。智商和身高都跟基因有关，但是也都跟环境有关——你不知道哪个因素影响更大。在这种情况下搞优生肯定会对穷人非常不公平。当时很多生物学家是社会主义者，他们提出一个宣言，说搞优生学的前提是社会主义！我们先得实现绝对平等，让每个妇女都有同样优良的生育条件，再去观察到底多少因素是基因决定的，然后才能判断优生学到底有没有用。

今天，优生学已经被所有国家都抛弃了。当然我们还能想到别的理由，比如说所谓的"好"和

"坏"，都跟具体的社会发展阶段有关系。人本来就是多元的，你不应该像养动物那样事先决定想要什么样的"性状"。但是在我看来，当年那些社会主义者说得很有力量：我们其实没研究明白，那就应该承认这一点，别乱动。

***

演绎法和归纳法都是重要的科学方法，但它们提供的只是解题思路。在这一节的三个故事里，科学家们并没有结成铁板一块，那些理论都不是科学共同体的共识，不能说是"当前科学理解"。科学就是这么一个无比活跃的业务。当你听说一个科学新闻的时候，你最好自己想一想。

问答

Guess:

万老师，您说所谓的好或坏都和社会发展阶段有关系，你不能事先决定要什么"性状"。我的疑问是，智商不是一直都是个好的性状吗？社会无论发展到什么程度，这个性状应该都是好的吧？

万维钢:

没有好到形成择偶优势的程度。人类重视智力是教育和科技普及之后的事情，以前的人可能更重视体力。即便是现在，"智商"也不是什么择偶的优先条件，人们更喜欢美貌的、健壮的、性情温和的，甚至勇敢好斗的。即便是今天，智商跟收入、跟社会地位的相关性都不是很高——只是正相关而已。如果让你定制一个孩子，你恐怕也会把性格优良和身体健壮排在智商之前。

事实上，如果你让家长定制孩子的天赋点，家长们会选得非常窄。优生学要是真有效，今天的中国人可能都是尖下巴大眼睛，叫子萱和欣怡，擅长数学和钢琴，性情温顺，人生最重要的理想是孝顺父母。

但是社会需要各种各样的人。有很多工作不但不需要，而且最好不要高智商。有的工作就是需要性格比较怪的人去做。良好的社会需要多样性。我们应该很庆幸优生学是无效的，每个孩子都是一个惊喜。

15. 科学结论的程序正义

我们每天都会收到各种号称是"科学"的信息——宇宙深处发现了一个黑洞，某个科学家证明了一个猜想，新药研发成功，吃什么东西致癌，育儿专家提出了新的建议，心理咨询师讲了个好故事。这一节咱们说说如何评估这些论断。我不是职业足球运动员，但是我能看懂足球，我知道哪个动作犯规了哪个没犯规——你不必是一个领域的专家，也能看明白专家们给的那些说法科学不科学、可信不可信。

你只要掌握"可信性"的门道就行。

***

数学，是绝对正确的。只要这篇论文能被同行评议审稿通过，在正规的学术期刊上发表，你就可以相信它。比如 2020 年中国科学技术大学的两位数学家证明了两个著名的微分几何猜想[1]，文章已经发表在顶级期刊上了，那么这件事立即就是板上钉钉的。如果有谁想给这两位数学家发奖金，马上就可以发，完全不用担心过段时间结果被人推翻。

这是因为数学不属于真实世界。数学研究的是柏拉图世界里的事儿，只要逻辑正确就一定是正确的，而审稿人完全能保证论文的逻辑正确。

***

而物理学，因为研究的是真实世界，光逻辑正确就不够了。

早在爱因斯坦还在世的时候，物理学家就已经通过理论计算推导出了"黑洞"这种东西。物理学家相信黑洞一定存在，霍金和彭罗斯等人更是早就算好了黑洞的各种性质。但是直到 2019 年，天文学家直接观测到一个黑洞，还给这个黑洞拍了照片，才算是确定了黑洞的存在。到了这一步，诺贝尔奖委员会才敢给黑洞工作发奖。彭罗斯据此拿到了 2020 年的诺贝尔物理学奖，而这时候霍金已经去世了。

物理学家对自己的理论是相当自信的。世界第一颗用在实战中的原子弹是美国在日本广岛投下的"小男孩"。这是一颗"铀弹"，用了 50 公斤的铀 235——而这其实是世界上第一颗爆炸的铀弹，也是第一颗组装出来的原子弹。物理学家没用铀弹做过爆炸实验，第一颗就直接扔广岛了，这是因为铀弹的反应机制简单，物理学家认为自己不可能算错。投在长崎的那颗代号为"胖子"的原子弹则是一颗"钚弹"，用的是钚 239。浓缩钚比浓缩铀便宜很多，但是钚弹更复杂，所以物理学家事先做过钚弹的爆炸实验。

这个道理是，理论自信来自研究对象的简单。物理学本质上是简单的。每个地方的物理定律都是一样的，所有同一类型的基本粒子都是全同的，每个电子并没有自己的独特个性。

物理学家在 20 世纪 60 年代就预言了"希格斯玻色子"的存在，并于 2012 年在大型强子对撞机上发现了一次希格斯玻色子的踪迹——虽然这个事儿仅仅发生在法国和瑞士境内的一台仪器上，我们却立即就可以宣布宇宙中遍布着希格斯玻色子。

***

化学、材料、工程、生物医学这些领域研究的东西都比物理学复杂得多，以至于理论推导根本无法得出有效结论，必须做一下实验才知道。而实验都是有不确定性的。

我们都知道"实验误差"，但误差只是说你测出来的数值准不准。误差之外，你还可能把假的当成真的，也可能把真的当成假的，你还需要知道实验结论的"可信度"。可信度是个难以严格定义的东西，现在通用的标准是使用一个"P 值"，代表"实验结论纯属巧合"的可能性。这个 P 值越小，我们就认为实验结论越"显著"，约等于越"可信"[2]。我们大致可以把 1 减去 P 当作实验结果的可信度。

发现希格斯玻色子的那个实验的 P 值小于 0.0000006，也就是结论的可信度大于 99.99994%。这么高的可信度是物理学实验的特色。如果你的研究涉及"人"，那 P 值能有 0.05 通常就算达标了。

***

医学、心理学、社会科学这些和普通人关系最密切的研究，恰恰是最不可信的。全世界的物理学都一样，全世界的人可不一样。这个药好不好用？这个方法对人到底有什么影响？跟人的性别、年龄、营养情况、受教育程度、工作性质、文化习俗、经济条件、环境气候都有关系。对这种复杂的局面，我们需要强硬的证据，而证据是分等级的。

最弱的证据是"案例"。老王吃这个药治好了病，阿里巴巴公司使用的是这种管理方法，那你能说这个药和这种方法就是对的吗？也许老王体质好，不吃药也能自愈；也许阿里巴巴不用这种管理方法会更成功。"举例论证"不是科学方法。

科学方法讲究数据，常常需要"对照组"。最理想的方法，是所谓"大规模随机双盲对照实验"。把比如说两万人随机分成"实验组"和"对照组"两个组，实验组用这个新药，对照组用跟新药看起来一模一样的安慰剂。因为分组是随机的而且人数众多，我们可以认为两组人除了吃的药不一样，其他各方面都完全一样——这就保证了如果这两组人的表现有任何显著的差别，一定是这个药导致的。得做一个这样的实验，发现实验组的情况确实好于对照组，而且 P 值很小，才算证明了这个药有效。

2020年新冠肺炎疫情，各国都在搞疫苗。截止到11月，中国的疫苗号称有几十万人用过都没出问题，可是国际上并没有什么反应；美国的两支疫苗刚刚公布初步的结果，大众就立即欢呼。这是为什么呢？并不是人们歧视中国疫苗，而是中国疫苗还没有经过大规模随机实验的考验。中国把疫情控制得太好了，以至于中国境内几乎就没有感染者。不打疫苗也不会感染新冠病毒，你就无法证明疫苗的有效性。所以中国必须去巴西和阿联酋这种疫情肆虐的地方做随机实验，而实验需要时间。对比之下，美国疫苗的实验人数虽然只有几万，但是因为有真正的感染风险，得到的就是很强硬的证据。

大规模随机双盲对照实验是医学研究的黄金标准，但是这个黄金标准通常是难以达到的，而且就算达到了，有时候感觉上也是怪怪的。

咱们看一个实战例子。

***

世界最大的制药公司是美国辉瑞公司。辉瑞最畅销的产品是一种降低胆固醇的药物——立普妥。立普妥的专利 2011 年过期。于是辉瑞斥资近 10 亿美元开发了一个新药——托彻普，来接立普妥的班。辉瑞需要证明托彻普的有效性和安全性。2006 年，辉瑞开展了托彻普的最后一轮，也就是临床三期实验。实验把 15003 名病人随机分成两组，实验组用新药托彻普，对照组用以前的立普妥。

辉瑞必须证明，第一，托彻普比立普妥的疗效好；第二，托彻普的副作用不比立普妥严重。证明了这两点，美国食品药品监督管理局才能允许托彻普上市。

实验进行了几个月之后，出问题了。实验组死了82个病人。

有病人死亡很正常。病人本来就是随机招募的，其中包括很多老人、很多病情严重的人，死亡不见得是因为这个药。这就是双盲对照实验的好处：关键是我们得看看对照组死了多少人。对照组只死了51个人。

82 vs. 51，辉瑞一看这个数字，就立即提前终止了实验，宣布新药失败。为什么呢？[3]

这个道理是这样的。即便实验组死的人数比对照组多，也有可能纯粹是个巧合——可是多到一定程度，就不算是巧合了。整个实验开始之前，辉瑞对"因为副作用而死人"这件事设定的 P 值是0.01——意思是"实验组死的人更多并不能归咎于药物的副作用，而仅仅是因为巧合"的概率不能超过1%。现在死亡人数达到了82 vs. 51，"这件事纯属巧合"的可能性，已经是 $P = 0.007$，这个概率就太低了，过线了。辉瑞愿赌服输，只好终止实验。

而事实上，哪怕实验组只是少死两个人，80 vs. 51，那么这个 P 值就是 0.011，实验就可以继续进行下去。

最终，辉瑞不得不眼睁睁看着 10 亿美元研发费用打了水漂，坐等立普妥专利过期、仿制药上市，而且公司股票市值在实验结果披露当天就减少了 210 亿美元。

***

你看这像不像考大学？成绩只差两分，结果有天壤之别。这就叫"程序正义"。

我们想要的是实质正义。我们想知道这个药到底有没有效，这个药的副作用有多大。特别是，你真正想知道的是这个药对"你"、对一个具体的人，会有什么效果——但是对不起，科学回答不了这样的问题。也许新药的疗效比立普妥好得多，只是副作用有点大；也许新药对大多数人是安全的——但是对不起，这个问题更复杂，已经超出了实验的可行性。几万人参与，10 亿美元的投入，最后也只能给你一个分数线式的答案。

普通人有时候会对科学有过高的期待，想要全部的事实。可是当你了解了科学这门业务的工作方式之后，你会意识到科学结论都是人做出来的。一个个具体的科学家，花费有限的精力，使用有限的资源，一点一点把有限的事实积累起来，最后只能给你一个可信度有限的答案。

而有时候科学的程序正义会明显不同于实质正义。比如说，每个牙医都会告诉你，在每天刷牙的基础上，用牙线剔牙是个好习惯，可以减少牙周疾病，避免牙龈出血，让你的牙齿更强壮。好，那么，用牙线到底科学吗？答案是应该科学，但没有大规模随机实验的证据。有人调研过几十项有关使用牙线的研究，发现支持牙线的证据很弱。

可是你能说牙线没用吗？你不能。牙线的好处是个长期的效应，而现有的研究都只观察了患者几个月。那为什么不做长期研究呢？因为不好做实验。你不能逼着对照组的人长期不用牙线，而自愿不用牙线的人可能根本不爱护牙，很难把他的牙齿不好归因于他不爱用牙线。可是没有实验证据，就能说明这东西无效吗？

"没有证据表明这个东西有效（absence of evidence）" ≠ "有证据表明这个东西无效（evidence of absence）"

我建议你继续坚持用牙线。如果什么决定都依赖于程序正义，日子就没法过了。

***

除了数学是纯理论之外，任何科学结论要想被人正式接受，都必须既有理论机制，又有实验证据，达到程序正义。然而程序正义不是白给的，是花人花钱花时间一点一点做出来的，它就好像做工程一样，有个可行性问题。

程序正义是有限的正义，科学知识是有限的认知。我们相信世界是讲理的，但是我们必须对科学这门业务有合理的期待。

问答

查理王：

万 Sir 好，关于"随机双盲对照实验"有点不明，对照的实验组使用新药，那对照组为啥非要用安慰剂？不是说安慰剂让人心理上感觉服了药并没有证据证明会对疾病有疗效吗？为啥对照组不直接什么药都不服？这样的话，服药直接对比不服药，对于新药的实验结果不是更接近真实吗？

yida：

万老师之前也讲过安慰剂效应，所以能不能说随机双盲实验也不是完全准确的？

万维钢：

"随机双盲对照实验"的设计目标是制造这么一种近乎完美的局面：实验组和对照组除了吃的药不一样，其他一切都一样——只有这样，我们才能把任何疗效都归因于那个药。如果实验组使用新药而对照组什么都不用，实验组的病人会因为知道自己服用了新药而莫名地增强了信心——而这恰恰就是安慰剂效应。所以给对照组服用安慰剂，恰恰是为了排除实验组的安慰剂效应，是为了看看新药的作用跟安慰剂有什么不同。

而为了确保这一点，我们不但必须让安慰剂的那个药丸跟新药的药丸一模一样，以至于病人不知道自己吃的是新药还是安慰剂，而且要让接触病人的医护人员也不知道哪个病人吃的是哪个药。否则的话，医护人员对新药的主观偏见，可能会让他们区别对待两组病人，而那种区别对待可能会对疗效产生影响。这就叫"双盲"。

从这个意义上说，双盲对照实验并不是在测量这个药相对于不吃药、不治疗的疗效，而是相对于安慰剂，或者相对于市场上一种流行的常规药物的疗效。

双盲对照实验的目的不是测量这个药"有没有用"——而是验证它是不是比对照组的治疗方法更有用。

16. 优秀表现需要综合了解

在日常生活中，科学思维能派上什么用场呢？

科学家追求的是一般规律，科学理论需要严格的检验，但我们解决自己个人的问题时就没有那么严格了——有时候是一种艺术，有时候纯粹靠运气，科学更多的是给我们一个提示，而这个提示往往能帮上我们的大忙。科学思考者在日常生活中，通常都是有主意、有办法、有担当的人。

这一节的主题是知识。日常问题往往不需要最前沿的科学知识，用不着"当前科学理解"，但是你常常需要做点调研。你需要对局面有一个全面的、综合的，最好是代表主流水平的了解，我们简单称之为"综合了解"。

***

想象这样一个场景。你跟团旅游，导游把你们带到了一个饭店吃饭。你们一边吃，服务员一边向你们推销一种茶叶。你喝了一杯用它泡的茶，觉得很好喝，价格也能接受，而且有人在买，导游还说过了这个村就没有这个店了。你想买，可是你很不喜欢这种被人安排的感觉。那你买还是不买呢？

作决策要排除各种心理偏误的影响，要理性客观，要诚实面对大脑中各种声音的冲突，所以你应该先冷静两分钟，是吗？不是。

正如大多数逻辑问题其实是语言问题，大多数决策问题其实是信息问题。你犹豫不决是因为你没有对这个事儿形成"综合了解"。

旅行社和饭店的口碑、茶叶的一般价格都可以轻易上网查到，你只要拿出手机到"大众点评"之类的 App 上搜索一下就什么都能知道。了解了这些信息，特别是了解了一般人买了茶叶后有什么评价，你就能作出很好的决策。

如果你感到自己正处在黑暗之中，你要做的不是犹豫，而是开灯。

在今天这个信息时代，人们所能犯的最低级的错误就是没有掌握关键信息。老年人买不靠谱的保健品，家长给孩子报"量子波动速读班"，在旅游景点误入黑店，这些对科学思考者来说都是根本不应该发生的事情。

可是在现实生活中，人们并没有充分利用轻易就能取得的信息。我看到一个新闻，说有个贪官被查办了，当地民众纷纷放鞭炮庆祝。报道里写这个贪官是当地一霸，生活极其奢侈，办公室里喝的水都泡着冬虫夏草……我感觉这简直是魔幻现实。如果那么多人都知道他是个贪官，他为什么还能长期在那儿当官呢？当然更不好理解的是为什么有人真的在吃冬虫夏草。

这些事儿提醒我们，想对一件事情形成综合了解，你需要掌握三个方面的信息和判断——

第一，这件事一般都是怎么办的？

第二，在各种一般的做法之中，对你来说最正确的选项是什么？

第三，为什么有人坚持错误的选项呢？

取得信息

人只有在做不熟悉的事情时才需要思考。一个好消息是，你不熟悉的事儿，可能是别人很熟悉的事儿。

选学校，买房，修车，看病，到政府部门办手续，在陌生的城市找地方吃饭，这些都是一般人不会经常做，但是每天都有无数人在做的事儿。对这样的事儿你没必要重新发明轮子，应该直接上网搜索相关的信息。

有一个关键词叫"攻略"。冰岛自由行攻略、土耳其签证攻略、2020年深圳小升初攻略，办什么事儿都有现成的攻略。这些文章几乎都是各大社区的普通网友本着无私奉献的精神写的，详细又有逻辑。而且，其他一些人实战之后，遇到跟攻略说得不一样的地方，还会回来评论和更新一下。

别辜负这些热心的人。在理想的信息环境中，这件事只要有一个人办过，就等于所有人都办过；如果有十个人办过，就等于所有人都熟悉它。如果你要买车，品牌、型号、性能、外观、评价，一般价位多少，在哪儿买服务好，你在第一次试驾之前就应该完全掌握。如果你要看病，这个症状大约是什么病，大概会怎么治疗，最可能用到什么药，哪家医院看得比较好，那个医生的口碑如何，你是可以事先知道的。

美军有句格言："如果你发现你在打一场公平的战斗，那你就是没有做好任务计划。[1]"对于那些很多人都在做的事儿，如果你到现场才纠结于关键决策，那你就是没有做好调研工作。充分的调研能让你树立"主流"的意识，你做什么都应该是"这个我很熟，这是我主场"的样子。

当然调研不见得都在网上，打电话问朋友、托关系找专家有时候也是必要的。但我真是觉得应该开发一个 AI 助理应用，就叫"网上怎么说"。要办什么事儿直接问它，它会综合网上各方意见，给你提供一个主流方案。

不过，主流方案不一定就是正确的方案，你有时候需要了解比一般水平更高级的信息。

形成判断

科学思考者不能做每件事都跟一般人一样。一般人的做法有时候是错误的做法，只有高水平信息才能让你作出正确判断。

最高级的信息是"当前科学理解"。有些争议话题，涉及科学知识的，你可能真得去查一查最新的论文才知道。

你还可以查阅政府和学术机构的官方网站，特别是美国政府的一些部门、美国癌症学会之类的机构会把一些常用科学信息放在网上。中国在这方面做得还不够好，所以你最好熟练地掌握英文。

此外是看主流媒体。对于社会热点问题，主流媒体通常会及时进行分析报道。

再者你还可以在一些开放式的网络社区进行查询。很多人说网上信息都是垃圾——我看那是他们去的地方不对。像维基百科、知乎、丁香园之类的地方，质量其实是很靠谱的。

好的网络社区应该像科学家社区一样：开放式讨论，重视个人声望，允许随意批评。我看到的局面是，论坛对大多数问题都能形成一致意见，很多科普文章的水平相当高。

当然你需要熟练地掌握一点调研功夫。谷歌研究员丹尼尔·罗素（Daniel Russell）有一本书叫《搜索的喜悦》[2]，里面介绍的高水平调研能让你收获很多东西。

比如说"冬虫夏草"。如果你平时科学意识就比较强，你可能根本就不需要调研。"食疗""滋补"这些东西根本就不科学，都是老一套的错误认识。如果你想较真儿一番，直接上谷歌搜"冬虫夏草"，第一页就会告诉你以下信息——

- 它卖得很贵；

- 有假货，容易导致重金属中毒；

- 它被认为是一种中药；

• 它可能没有真实效用。

你发现最后一点似乎有争议，因为也有些网站在鼓吹冬虫夏草的好处。这时候你要关心的是资料的来源——

• 一个叫"香哈"的网站列举了冬虫夏草的种种功效，包括补肾益精、止血化痰、补虚……一直到抑癌抗癌、美容养颜等，一共 12 项功能，简直就是神药；

• 湖北省卫生健康委员会说，"秋季进补冬虫夏草不可乱吃"；

• 新华网跟中国科学技术协会合作的"科普中国"项目明确说冬虫夏草不但没有神奇作用，而且对身体有害；

• 财新网有篇文章直接就叫《起底冬虫夏草：一个"中国式"大骗局的始终》；

• 知乎上有好几篇科普文章，都说冬虫夏草无益有害，有的还引用了学术论文。

香哈是个美食菜谱网，它代表普通人的认识。湖北卫健委是从普通人的认识出发，稍微往科学上够了一够。直接从科学角度谈论冬虫夏草的，没有一个说它有什么真好处。事实是科学共同体对冬虫夏草的"功效"没有什么强烈争议：大家公认它不但没功效，而且很可能对人体有害。

互联网并不是一个是非不分、黑白不明的地方。

而这就引出了一个问题：如果冬虫夏草真的没用，为什么还有那么多人趋之若鹜呢？

"不充分均衡"

简单的原因是高级知识和普通人之间有隔阂。这个时代的信息很发达，但是的确还有很多人不会做调研也能当大官。不过，如果仅仅是需要科普的问题，那现在中国人受教育程度越来越高，上当受骗的人应该越来越少，冬虫夏草应该越来越便宜才对啊，为什么还贵了呢？不把这个问题想明白，你还不能算是个真的明白人。

我在"精英日课"专栏讲过决策理论和计算机科学家埃利泽·尤德考斯基（Eliezer Yudkowsky）

的《不充分均衡》[3]这本书。尤德考斯基有个关键思想叫作"两因素系统"。世界上之所以有那么多不合理的现象和事物能够长期存在，是因为它们是两因素系统。

比如冬虫夏草，你知道它没用，这只是一个因素，还不足以让你彻底不买它。还有一个因素是"很多人认为它很值钱"。比特币值钱并不是因为它有用，茅台酒那么贵并不仅仅是因为它好喝。很多人买冬虫夏草并不是为了自己吃，而是作为一个贵重礼品送人。人们不一定认同它的功效，但是认同它的价格，这就是一个两因素系统的均衡。

要想打破这个均衡，只对少数人科普是不够的。社会习俗必须把"冬虫夏草没用"变成一个公共知识，以至于送冬虫夏草就等于是对智商的侮辱才行。

正是因为有这些不合理而又均衡的系统存在，我们才更需要亲自去调研。把这些系统性的原理也想明白，才算达成"综合了解"。

* * *

如果做事总能先做到综合了解，那是一种什么状态呢？你只要看看那些名校的优秀大学生就知道了。中国也好美国也好，这些优秀学生做事总是选择最优路线。

他们在报考大学之前就会把自己感兴趣专业的毕业生去向、毕业后的收入水平调查得明明白白。他们在选课之前就清楚地知道这门课能给成绩单带来什么，这个老师容不容易给高分。他们在考试之前不但知道考试范围，而且可能已经用上届学生的考卷做过练习。他们在找工作之前会对公司、对行业都进行充分的调研。他们在面试之前会刷面试题，甚至会为了在谈话中表现出自己读过一本书，而突击阅读那本书的书评。

他们做什么都会先研究攻略，所以任何事都能做到主流水平。

可怕吧？不可怕……其实有点可怜。中国管这叫"精致的利己主义者"，耶鲁大学教授威廉·德雷谢维奇（William Deresiewicz）把这叫"优秀的绵羊"[4]。如果做什么都找攻略，你还有自我吗？大家都走主流路线，这条路还值得走吗？

主流路线最大的问题是不冒险。有时候不调研，直接去，就当作一场冒险，反而更有意思。有时候故意不按攻略行事，才能发现更好的机会。但是"综合了解"给你提供了底线——"优秀的绵羊"固然不好听，可起码你是优秀的。

🔍 问答 |

VictorChen：

万 Sir，我上网搜索西洋参到底是否有功效。结果要不就是各个中医或养生人士说有效果，要不就看到类似知乎上不同意见的人在打嘴仗，一直没有找到能让我信服的信息或结论。看来我的研究能力还有待提高。请问，如果你来搜索研究，你会从哪里下手呢？西洋参到底有没有功效呢？

万维钢:

我说说我的思路。在遇到你这个问题之前,我从来没调研过西洋参的事情。我从来没吃过也没买过西洋参。多年前曾经有个朋友送我一些西洋参,让我带给我父母,我带了。但我父母也没吃,转送给了家里的亲戚。所以,我对西洋参既没有特别的好感,也没有任何偏见。

在展开搜索之前,我有一点基于常识的判断。

第一,它是一种非常常见的营养品,已经在市面上流传了很多年,不是某个公司专有的产品。这说明它应该没有毒,它不是刚刚炒作出来的概念,它不是一个骗局。

第二,我印象中只有中国人对西洋参感兴趣,从来没听说过美国人搞这个东西。这说明它不可能有什么真正神奇的功效。

第三,我只听说西洋参是个补品,但是没听说过它到底"补"的是什么,所以它应该连基本的专门功效都很弱。

但这些只是我个人非常有限的认识，我对此必须有一个谦虚的态度才行，因为我平时对补品完全没兴趣，我的认识不算数。下面展开调研。

中文搜索确实没有立即带来什么有价值的信息。搜索"西洋参功效"，谷歌首页第一篇文章来自官方的"人民网"，而人民网实际是转载的"养生之道"网的文章。文中列举了大量功效，不过完全没说有什么研究证据。其他中文网站大多也是如此。考虑到中文网站对这些"补品"一贯的鼓吹作风，我决定不采信这些说法。

但首页有一篇来自"美国攻略"网的文章（https：//gonglue.us/2540）引起了我的注意。这是一个叫 DerekYang 的人翻译的美国国立卫生研究院关于西洋参的综述文章。英文原文（https：//medlineplus.gov/druginfo/natural/967.html）来自 MedlinePlus，这是一个权威信息来源，提供了关于各种健康话题、药物、补品、医学研究的说法，都是基于正规

研究的结果。这篇文章的英文原文引用了 10
篇论文，而且显示最后一次评估是在 2020 年
4 月 9 日，可以说价值很高。

Derek Yang 介绍，有个"自然药物综合数
据库"，根据现代医学证据，把医药的功效分
成了以下七个等级——

- 有效（effective）
- 很可能有效（likely effective）
- 可能有效（possibly effective）
- 可能无效（possibly ineffective）
- 很可能无效（likely ineffective）
- 无效（ineffective）
- 没有足够证据评价（insufficient evidence to rate）

而 MedlinePlus 那篇文章对西洋参的几个
功效的评价是这样的——

- 对糖尿病和呼吸道感染，可能有效。这
表现在，有实验证据表明，饭前服用 3 克西洋
参可以降低 II 型糖尿病患者餐后的血糖；流
感季每天服用一点西洋参或者用西洋参提取物

制作的胶囊，可以帮助 18～65 岁的人群预防流感。

- 对于提高运动成绩，无效。
- 对于其他作用，统统都证据不足。

同一篇文章还列举了西洋参种种可能的副作用和安全性评估。基本上来说，它是一个比较安全的东西，但是因为它降血糖，特定的人群还是需要注意的。

本来以为找到这篇文章就差不多了，不过既然已经开始搜索，我就多看了一些。MedlinePlus 那篇文章引用的最新的论文也是2013 年的，那么这么多年过去了，有没有什么新的发现呢？

我找到一篇 2019 年的论文（https：//www.ncbi.nlm.nih.gov/pmc/articles/PMC6567205/）。这是一篇综述论文，也就是科研级别的综合调研，是通过对相关研究的考察，全面评估西洋参的各种疗效。这样的论文只要能发表出来，通常可以认为代表当前科学理解。而令我惊讶的是，这篇论文对西洋参的评价相当正面。

论文说西洋参对神经系统有保护作用，实验中至少改善了小老鼠的阿兹海默症，对某些中风和心力衰竭症状有好处，具有抗糖尿病和抗肥胖的潜力，对某些致病菌株有抗菌作用，甚至还显示出一定的抗癌作用。不过，文章强调，这些研究都非常初步，所用的实验样本数都很小，需要进一步探索。

我还看到一篇 2010 年的论文（https://www.ncbi.nlm.nih.gov/pmc/articles/PMC2952762/），说西洋参有增强神经认知功能的作用，可以增强短期工作记忆，而且是使用双盲随机实验证明的。但是请注意，这项研究的样本只有 32 个人。

还有一篇 2014 年的论文（https://www.ncbi.nlm.nih.gov/pmc/articles/PMC4033486/），也是使用小规模的双盲随机实验（样本数是实验组 35 人、控制组 39 人），认为长期服用西洋参提取物是安全的——不过它所谓的长期只有 12 周。

那么根据这些说法，我认为西洋参是安全的、无毒的，而且可能具有一定的好处。你很难精确地知道那些好处有多大，而且要实现像降血糖这样的功效已经有非常成熟的药物了，所以我并不认为应该推荐大家都去服用西洋参——但是我们确实没有理由反对服用西洋参。

这次搜索对我的教训是，还是要保持一种开放的态度。西洋参这种东西已经流行了这么多年也没成为什么主流疗法，我本来以为可以认为它没用了，没想到真可能有一定的作用。这也告诉我们医学研究之中真是有大量的事情可以做。

素冠：

在这个不确定性越来越强，而且问出好问题似乎比给出好答案更难的时代，用什么样的策略才有可能作为一个冒险者或提问者，从人群中突围？

万维钢：

一个好办法是率先尝试新东西，然后写下你的测评。就好比前面那个西洋参的调研中显示出来的一样，现在是问题远比做研究的人多。搞研究最重要的战略选择，就是一定要去一个非常活跃而又非常不成熟的领域。

比如说电动车刚出来的时候，你买一辆开一开，完了写一篇测评发到网上，肯定有无数人感兴趣。现在电动车是怎么回事儿大家都知道得差不多了，你再去研究就意思不大。

旅游目的地选一个新开发的景点；家门口新开一家餐馆，你先去尝尝；有个电影要上映了，你能不能弄到先期点映的票；有个游戏在内测，你能不能参与一下；读书要读新书。

做这些事情，你自己获得了探索的乐趣，在社交网站收获了声望，而且你为那些新产品做出了贡献。

17. 生活中的观察和假设

　　科学思考者遇到事儿不能只知道上网找攻略，在日常生活中，总会发现和需要解决一些没有人解决过的问题。可能你有一个小麻烦，听起来很平淡，可是偏偏不像是经常发生的事儿。你已经调研过了，甚至还问了专家，可是似乎没人知道该怎么解决。

　　科学思考者面对这样的情况应该感到兴奋。这是生活对你的挑战，这是使用科学方法的好时候。科学方法不是科学家专用的方法，而是人探索世界最白然的方法。

　　我给你举个最简单的例子。有一阵子，我在书房工作的时候会听到一个短促而持续的"啪啪啪啪、啪啪啪啪"的噪声，好像是什么东西在击打什么东西。声音并不大，我就没当回事儿。但是有一天，那个声音突然变得非常响，我一看，外面在刮大风，心想，是不是外墙上有个什么东西在被风吹呢？结果出门一看，原来是墙上一个小配电盒的门没关好。我用胶布把门粘上，噪声就没有了。

　　肯定每个人都有过这样的经历——其实我已经使用了科学方法。我观察到一个现象，我提出了一个假设，我验证了那个假设。观察、假设、验证，这就是最基本的科学方法。

　　我们相信世界是讲理的。这个信念落实到日常生活中，就是各种问题的背后应该都有原因。我们是得承认有些事情确实是，或者几乎是"随机事件"，比如彩票、癌症、各种偶然的日常小惊喜和小麻烦——接受随机性有利于你的身心健康，改变不了的没必要强行改变。但有很多问题不是随机的，而且是可以改变的。

房子不会无缘无故地发出怪声。健康的人不会动不动就感到不舒服。领导不会随机地对你发火。科学思考者应该主动识别和解决这些问题。

有一位加拿大的华裔科学家叫麦当强，专门写了本书[1]，列举各种在生活中使用科学方法的故事。我不知道他是怎么搜集到那么多故事的，但是据他说都是真的。这里咱们讲几个。这些故事的主人公只想解决问题，不需要严谨的论证，这比科学家写论文容易多了，而你只需从中获得启发。

这些故事说的都是观察、假设和验证。

1

雷蒙德是个在读大学生。过去的这两个星期，他每天都会打几个嗝。这不是什么大事儿，雷蒙德没在意。雷蒙德的大姐戴安娜是个硕士生，这几天正好过来看他。戴安娜注意到了雷蒙德打嗝。

姐弟俩在一起住了三天后，戴安娜建议雷蒙德少吃橘子。雷蒙德立即意识到大姐可能是对的。

雷蒙德本来每天吃一个橘子。有一天他不知在哪儿读到，一个橘子大约能提供 50 毫克维生素 C，而人体每天应该摄入 100 毫克维生素 C，于是他就改成了每天吃两个。他好像就是从每天吃两个橘子开始打嗝的。大姐说，橘子里有大量的柑橘酸，雷蒙德打嗝，可能是因为他的胃承受不了这么多酸性物质。雷蒙德于是改回每天只吃一个橘子，过了几天打嗝就停止了。

戴安娜表现出了观察能力。雷蒙德并没有跟她说，但是她注意到了打嗝这个现象。然后她看到雷蒙德每天都吃橘子，便据此提出了一个猜想，结果证明她的猜想是对的。

观察是一种主动行为。我们不可能对所有细节都在意，但是你得对不寻常的事情非常敏感，才能抓住问题。然后你还得有一个思维模型，也就是得理解事物的"门道"——打嗝可能跟食物有关，他吃了什么特别的东西呢？橘子！——才能提出良好的假设，抓住关键信息。

2

有个澳门女孩叫玛丽，从小跟着奶奶长大。从十几岁开始，玛丽就爱浑身长皮疹，并不是很痛很痒，但是长在皮肤上很难看，让她都不敢穿裙子。奶奶领着她看了好多医生，西医、中医，包括民间偏方都用上了也不管用。

高中毕业后玛丽前往英国留学，结果她的皮疹不治自愈，在英国两年都没有出过。后来玛丽回到澳门继续跟奶奶住，没待多久皮疹居然又出来了，只不过这一次不像以前那么严重。有个朋友分析说，是不是澳门的水不行？英国的水质可能更好，所以你不出皮疹？玛丽心想，不至于啊。

有一天玛丽突然意识到，奶奶家的洗衣机是新买的。玛丽想，现在皮疹不像以前那么严重，是不是因为新洗衣机洗得更干净呢？她可能是对洗衣粉过敏！于是玛丽后来洗衣服都改成漂洗两遍，果然就不再出皮疹了。

玛丽这个思维是不是很有科研味道？如果一切条件都不变，你很难看出来哪里是关键。观察得重点看那些"变量"。别的都没变，只有这个因素变了，那么新现象很有可能就是这个因素导致的。

3

所谓"假设"，就是对事物发生的原因或者原理的猜想。科学家提出的假设关心的都是普遍的规律，而我们在生活中可以只对一件事提出假设。你要做的只是猜测一个"为什么"。

一对夫妇新买了房子，高高兴兴地搬了进来。这是一栋旧房子，但是很漂亮，有个后院，还种着很多花。有一天，妻子在厨房偶然看到，后院里来了一只猫，就那样站在那里，透过玻璃门盯着她看。这个妻子天生怕猫。她很紧张，不过好在猫看了一会儿自己就走了。可是接下来，妻子发现每天都有猫来她家后院，而且来的还不是同一只猫，有时候几只一起来。

妻子一看这可不行，就跟丈夫商量怎么办。直观的办法是把后院的木栅栏加高加密，可是那样得花好几千美元，太贵了。夫妻俩没有什么好办法。

然后妻子突然想到，他们当初来看房的时候，好像见到这个房子的前任主人有一只猫。两人就分析，后院那些猫是不是来找以前那只猫玩的呢？如果是这样的话，那只猫已经搬走了，它们找一段时间找不到，应该就不会再来了。

于是两人决定先等等看。结果几个星期之后，猫们果然不来了。

4

有时候你可能需要一个比较复杂的假设。

一家四口去餐馆吃饭。他们先点了一个四人套餐，但是还想再加一道菜。妻子就问一个女服务员这里哪道菜最好吃。女服务员推荐了一道鱼，说她上周跟自己的丈夫还专门来吃过这个鱼，非常满意。于是妻子就加了这道鱼。

没想到鱼上来了，感觉并不好吃，火候明显过了。按理说服务员不至于骗他们啊，那这是怎么回事儿呢？丈夫提出了一个假说。

丈夫说，这个餐馆挺小的，估计只有两名厨师。我们设想其中一名手艺很好，是主厨；另一名可能手艺平庸。那么套餐，我们知道都是一些标准化的、比较便宜的菜，所以常理来说，应该交给手艺平庸的那个厨师做。而高级的菜，则应该交给主厨。可是我们点菜的时候把那个高级的鱼和套餐点在了一起，那么按照厨房的操作流程，可能会把这些菜都交给一名厨师——也就是专门做套餐的那个手艺平庸的厨师——去做。这名厨师平时不怎么做鱼，你现在让他做，他肯定做不好。

这是一个做了很大胆的假设，但是听起来很合理的解释。

过了几周，这家人又到这个餐馆吃饭。他们还是点一个四人套餐再加一道菜，这回加的是龙虾。丈夫吸取了上次的教训，说这回咱们别一起点。他们先点了套餐，五分钟之后又把服务员叫来，单独点了龙虾。结果这次的龙虾做得很成功。

这就是科学思维的好处。其实你不用费什么事，你要做的仅仅是分开点菜。这是个简单的操作，但是体现了一个洞见。你们这个菜没做好，但是我相信你们不应该是这个水平，于是我查找我的点菜流程有什么特别的地方，并提出了一个猜想，所以我再给你们一个机会。对比之下，如果因为一道菜不满意就放弃一个餐馆，那就太不科学了。

5

麦当强本人遇到过这样一件事。有一年他们一家人去香港旅游，到一个游乐场玩。游乐场里有个项目是喷水比赛。参赛者各自拿一把水枪向自己前方的一个小丑嘴里喷水，水会通过一根水管托起一个小球，谁的小球最先升到顶端，谁就能得奖。

麦当强注意到，似乎总是最左边的人赢。他设想水必定是从左往右进来的，最左边的水枪一定水压最高。他们当时没玩这个游戏，但是麦当强印象很深。

一年后，一家人在加拿大的一个游乐场又遇到了这个游戏。这回的奖品是个毛绒龙虾玩具，麦当强的儿子志在必得。麦当强告诉儿子选最左边的水枪，不料儿子居然输了。麦当强说先别急，我再观察观察。

看了几局之后，麦当强发现这一次是中间的人总赢。原来这个游乐场是十九把水枪一起比赛，比香港那个规模大得多，水从中间往两边走才能更快。他让儿子进去抢中间的位置，果然赢了好几次。

***

这个道理是，生活中的事儿都是有门道的。比如说水枪这个例子，那么多人玩，怎么别人就没注意到呢？可能一方面是大多数人只玩一次，一方面是涉及的利益太小了。普通人并没有太强烈的观察生活的意识。可能多数人打嗝也就打嗝了，不会去想是什么原因；长皮疹那么多方法都治不好也就放弃了；遇到猫可能会过度反应；到餐馆遇到一道菜没做好，也就抱怨几句了事……

然而解决问题的线索就在你身边。我们看那些涉案剧的时候应该想想，如果不是因为发生了大案，那些人也许永远都不知道身边还发生过那么多事情。真正善于破案的人肯定不是遇到案件了才琢磨，而是平时就爱琢磨事儿：像福尔摩斯那样，能从平常的蛛丝马迹之中分析出东西来。

这种能力需要你平时就了解生活中的各种东西都是怎么运行的。你起码得知道餐馆有不止一个厨师，而且厨师有正有副。而这些知识，恰恰也是平时通过思考得来的。

每个家长都鼓励孩子问为什么，但该问为什么的不仅仅是"天空为什么是蓝的"那种科学知识，更是身边的各种东西。科学思考者绝对不能当书呆子，你必须积极探索真实的生活才行。

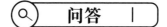

问答

ghvcftyjb：

万老师，有很多蛛丝马迹我们是再也没有机会验证假设的，那该如何判断和避免过度解读呢？

潘飚：

如果把身边每件不太寻常的事都分析一遍，人的精力是否会不够？人应该怎样在"科学思考"与"视而不见"之间平衡？

万维钢：

生活中有些事儿是必须做的，有些事儿是必须不做的，有些事儿是可以做的——观察和假设就是"可以做的"。我们提倡平时多观察，多思考，多验证，多做实验，但是大部分人根本不思考，日子过得也不错，所以，这些都不是必需的。咱们借用刚才说的那个药物功效的分级系统来说，科学思考对改善生活的作用只能算第三级：可能有效。

除了像治病之类的重大决策之外，科学思考在生活中的最大价值是"有意思"。我们觉得把一些事情想明白很好玩。这就好像下棋一样。我最近突然对国际象棋产生了兴趣，每天都要下几盘，有时候明知道时间不够也忍不住。所以，你应该把科学思考当作一个爱好，这样就不存在精力够不够的问题了。

另外，科学思考恰恰要避免过度解读。比如你听到一个传闻，或者你感觉你们单位领导似乎最近总找碴整你，这时候你应该怎么办呢？后面我们会讲到"溯因推理"的问题，说说如何让解读保持在最合理的范围内。

科学思考，也包括"科学不思考"。

18. 拒绝现状，大胆实验

作为科学思考者，我们对待生活的态度肯定是积极主动，而不是消极被动；要去探索和发现，而不是等待和抱怨；要敢于创新，而不能循规蹈矩。做实验，就是一种更主动的科学方法，而且是一种非常强硬的生活态度。

这个态度就是不接受现状。

哪怕我这个现状还过得去，并不让人难受，甚至可以说还挺好的，我也不接受。哪怕大家都是这样，别人都说你也只能这样，我也不接受。我非得自己折腾折腾，看看这个事儿能不能更好，你得有点这样的精神才行。

我自己的实验精神很不足。我晚上有时候熬夜喜欢吃碗泡面。我对方便面没有偏见，泡面本身并不是不科学的食物，但是我以前的吃法很不科学：我不知道泡面也得讲火候。我以前是泡上就不管了，什么时候想起来，估计泡好了就吃……而我从来没抱怨过泡面的口感。直到今年，我才意识到每种方便面都有一个最佳的时间点，泡过头就不好吃了——而且包装上那个建议时间对我来说并不是最优的。后来我做了实验，倒上开水马上计时，找到了最佳掀盖时间，口感上升了一个档次。我的生活质量就因为实验而提高了一点点。

在生活中做实验最大的难点不是实验的过程，而是你有没有这个意愿。人太容易接受现状了，做实验很多时候都是被逼出来的。

***

做实验的第一个目的是寻找解法。《呆伯特》

系列漫画的作者斯科特·亚当斯（Scott Adams）曾经有过一段离奇的经历 [1]。

当时亚当斯还没成名，有一份全职工作，只在业余时间画《呆伯特》漫画，非常辛苦。他每天凌晨4点就起床开始画，然后去上班，下班之后接着画一晚上。就这么画到突然有一天，他画画的右手的小指，发生了痉挛。只要他一画画，小手指就会不停地抖动，根本没法画。

亚当斯赶紧去看医生，正好他住的地方附近就有个医生，是全世界研究这个症状的权威。原来亚当斯得了一个不算太罕见的病，叫作"局灶性肌张力障碍"。这个病通常都是因为长时间做重复动作引起的，常见于音乐家、手艺人和画家。而医生告诉亚当斯，这个病没有办法治疗。

亚当斯当然不服气，而这个医生也很有探索精神，两人尝试了各种疗法。手指按摩、做手部锻炼、冥想、自我催眠，甚至连对手指进行电击刺激的方法都用了，但是毫无效果。亚当斯还试过把小手指绑起来，结果痉挛发作起来非常疼，而且整只手会一起抖动。亚当斯想训练用左手画画，可是左手毕竟不是他的主控手，他怎么也画不好。

最后医生放弃了，说你换个爱好吧，你的画画生涯结束了。但是亚当斯拒绝放弃。

亚当斯观察到他这个痉挛症状有一些有意思的特点。一个是只要不画画，不管做其他什么事情，他的手指都完全没问题。手指只是一拿起纸和笔就开始痉挛。再者，当亚当斯用左手画画的时候，他的右手小手指也会痉挛。那么据此判断，这个病应该不是手的问题，而是大脑的问题。不知道出于何种原因，大脑不想让他画画。

那既然手本身没问题，这个病似乎就还有救。亚当斯开始尝试让大脑重新适应纸和笔。这回他不画画，只是练习用右手去摸纸笔。

刚开始，亚当斯的手只要一摸到纸笔就开始痉挛。通过一段时间的练习，他能够做到让手指在一秒钟内不抖动。他一看有希望就继续练。当练到能坚持几秒钟不抖的时候，突然有一天，他的大脑好像想通了一样，不搞痉挛了，允许他用纸和笔了。

亚当斯可能是全世界第一个治好了局灶性肌张力障碍的人。

过了十来年，2004 年的时候，亚当斯因为画得太多导致手指再次出现痉挛。这一次他想了一个办法，说能不能用电脑代替纸笔画画。当时还没有 iPad 这种东西，但是有个叫 Wacom 的公司已经搞出了一套专业的计算机绘画系统。亚当斯用上这套系统之后，手指再也没有发生过痉挛。

亚当斯的做法是典型的科学方法。观察、假设、实验，不行再提出新的假设、再实验——直到问题解决为止。

***

做实验的第二个目的是测定参数。有时候不是你的方法不对，而是你用的数值不对。

前面提到过的计算机科学家尤德考斯基，曾经受到头皮屑过多的困扰。医生说是湿疹引起的，可是开了药并不管用。本来尤德考斯基已经放弃了，后来有一次他尝试"生酮饮食"——也就是低碳水、高脂肪的一种饮食方法，据说能减肥——的时候，意外发现头皮屑突然暴增。于是他想到，如果饮食结构的改变能让头皮屑暴增，这里面肯定有个什么基本的机制。他根据这个线索上网搜索，得知头皮屑可能是真菌引起的，因为真菌喜欢生酮。网上还说用含唑的洗发水洗头就可以杀死真菌。

尤德考斯基用了含唑的洗发水，可效果不是很理想。但是他没有立即放弃。是不是洗发水里的唑浓度不够呢？他又找到了一种泰国的洗发水，唑浓度是美国普通洗发水的两倍……结果这个管用，头皮屑治好了[2]。

这就是参数的重要性：如果疗效不明显，可能是因为你的剂量不够猛。而测量参数比较麻烦，你可能得做很多次实验才行，而且需要一边实验一边分析。

前面提到的那位加拿大科学家麦当强讲过一个关于做实验的有趣案例[3]。有个叫查尔斯的加拿大华裔，每年都会回香港跟母亲小住一段时间。他母亲有个保姆，非常善于做清蒸鱼。清蒸鱼这个菜很讲究火候，而保姆已经掌握了最优解：她每次都是买一条一斤大小的鱼，蒸正好6分钟。

查尔斯回到加拿大，也想做清蒸鱼吃，可是现在参数都变了。加拿大的鱼比较大，一条能有将近一斤半，而且炉灶跟香港的也不一样，查尔斯必须重新测定最佳的蒸鱼时间。经过反复对比，他发现9分钟是正好把鱼蒸熟的时间。

可是查尔斯蒸出来的鱼怎么也不如香港保姆蒸的好吃，主要表现是肉质太硬。查尔斯发现，少蒸一会儿的话，倒是能让肉软一点，但是时间短了肉又不熟。这可怎么办呢？

查尔斯观察到，他每次蒸完鱼，那个放鱼的盘子里都有大量的水，这是香港保姆蒸鱼时所没有的现象。这些水是从哪儿来的呢？难道都是水蒸气遇到锅盖冷凝出来的吗？

于是他做了个实验，不放鱼只蒸盘子，结果9分钟后，盘子里只有1立方厘米的水——而蒸鱼的时候盘子里会有50立方厘米的水。由此可见，盘子里的水显然不是来自水蒸气，而是鱼肉里自带的！肉质偏硬的原因找到了。肯定是肉纤维在受热的情况下收缩，自己挤出了水分，导致鱼越蒸越硬。那么解决思路就是必须减少蒸鱼的时间，而这就意味着必须加大火候，让鱼肉快点熟。

查尔斯想办法加大了蒸锅的火力，改成蒸 8 分钟，鱼肉果然没那么硬了。

你要是没专门学过烹饪，可能一辈子都不明白这个道理。要想让肉质鲜嫩多汁，就必须用猛火让它快熟——让它在水分被挤出来之前就熟。这就是为什么烤肉好吃，也是为什么中国人爱吃炒菜。我们炒菜的步骤是先把锅预热，再放油，再加入葱姜蒜，等到炒出香味，证明油温已经足够高了，才把肉放进去，稍微炒一下就可以吃了。

查尔斯没学过烹饪，但是他用实验方法找到了蒸鱼的最优解。

***

实验的第三个目的是进行重复验证。一次成功可能是偶然的，科学的精神是重复多次有效才是真有效。

彼得·戴曼迪斯（Peter H. Diamandis）和史蒂芬·科特勒（Steven Kotler）的《未来比你想的快》[4]那本书中，提到现在有一种叫"经颅直流电刺激"的方法，据说能提高大脑的专注度和反应速度，还能改善情绪。后来我发现已经有成型的产品在卖了，就买了一个。

这是一个便携式、可充电的设备 [5]，好像眼镜一样，只不过是戴在发际线的位置上。仪器有两块海绵，把海绵浸入盐水，直接贴在脑门上。开机之后，仪器会产生 1.2 毫安的微弱电流，通过盐水直接刺激头部。

我第一次尝试时倒是没感觉产生什么专注的效果，但是有一种莫名的兴奋和愉悦感，有点像喝了酒一样，看周围的什么东西都觉得挺好。我心想，就算不能提升脑力，能产生这个感觉也挺好。但我不能确定这是不是安慰剂效应：到底是仪器真的在影响我的大脑，还是我因为在尝试一个新事物而产生的新鲜感？

网上的用户评论有的说有效有的说无效。我妻子拒绝使用这种东西，我儿子用了一会儿就感到不舒服不用了，我女儿太小。我只好自己做重复实验。我又尝试了几次，可惜再也没有产生过任何效果。我希望把电流强度调大一点，可是仪器不支持。商业社会对个人在家做实验太不友好了。

我会继续这样的尝试。如果"精英日课"专栏的某一篇文章让你感到不够好，希望你能谅解：我尽力了。你要知道我可能是在被电击的状态下写的。

斌少：

如果可以的话，想请您在问答里给大家补充说明一下"关于度的问题"。我不禁想起了优秀的运动员为了保证自己稳拿冠军而吃兴奋剂，外貌已经相当不错的女生为了更美而去整容。

若弱：

要如何破解保健品的两因素系统呢？

万维钢：

这两个问题说的都是要少用保健品和那些

号称能增强某种能力的东西，包括经颅直流电刺激。

对保健品的两因素系统，我认为最好的办法是提倡一种强硬的生活态度。现在有句话："人到中年不得已，保温杯里泡枸杞。"这个画面实在太可怕了。不管这个药有没有用，一个身体明明挺健康的人，整天吃药，这本身就不对。

荀子说："君子役物，小人役于物。"有病吃药，这是让药为你所用，是把药当成一个解决问题的工具。没病吃药，这是对药物的依赖。天天吃保健品就等于宣布我认命了，我靠自己不行了，我得靠这个药才行。这可能会让人变得脆弱。

如果有一天真到了专栏作家必须佩戴"经颅直流电刺激仪"才能写作的地步，那这个工作就太可悲了。但尝试一下新事物总是可以的。

19. 公平和正义的难题

中国读书人都有个使命，要"为天地立心"，要"铁肩担道义"，要讲是非曲直，要惩恶扬善，要追求公平和正义。但是你想过吗？公平和正义就好像真理一样，我们相信真理是存在的，但我们几乎没有办法——至少没有科学方法——确认绝对的真理。

正如科学结论都只是程序正义，法庭之类的社会机构能给的也只是程序正义。你想在绝对意义上"明辨是非"也是不可能的，你只能得到一个"有效的"是非。

要实现公平和正义，我们必须明确判断一件事情的因果关系，找到它是谁的责任。人们做这样的判断时，经常会犯两个走极端的错误。

一个错误是认为凡事必有原因。

人到中年的老张搞了个 P2P 理财，结果爆雷了。妻子抱怨说，那么多理财产品你不买，为什么非得信什么 P2P 呢？

女青年小李在地铁上被性骚扰，事情传到了网上。有网友指责小李穿得太暴露，"不然一车厢的人，为什么就你被骚扰？"

程序员小赵长时间加班，有一天猝死了。人们纷纷议论这是"过劳死"，996 太不人道，你们程序员为了挣钱也不应该忽视健康啊！

每当发生什么坏事时，总会有人谴责受害者。这种思维背后的假设是世界上没有无缘无故的事情：偏偏是你遇到这件事，那就必定能在你自己身上找到原因。这个假设是错误的。

早在 20 世纪 60 年代，心理学家梅尔文·勒纳（Melvin Lerner）就提出了一个概念叫作"公正世界谬误（Just-World Fallacy）"。人们默默地假设这个世界对所有人都是公平的，如果好运发生在某人身上，那一定是因为他做过什么好事或者有什么美德，如果坏事发生在他身上，那一定有他自身的原因。什么"善有善报恶有恶报""可怜之人必有可恨之处"，包括什么"一切都是最好的安排"，都是犯了这个错误。

当初汶川地震的时候，美国演员莎朗·斯通（Sharon Stone）说这是"中国的报应"，也犯了这个错误。公正世界谬误会让人天真地相信每个成功人士身上都必有带来成功的优点，会让人接受自己的境遇，也会让人谴责受害者。公正世界谬误背后的逻辑，就是任何事情都不会是无缘无故发生的。

而事实是，有些事就是无缘无故发生的。

世界上很多事情是随机的——或者至少对于当事人来说是随机的事件。这么多人买彩票，为什么你中奖了？彩票摇号的机制是你完全不可控的，这对你来说就是个绝对的随机事件。老李生活方式很健康，为什么得癌症了？因为产生癌症的机制非常随机。

人们常常会低估随机性，强加因果关系。

一个劳累的程序员猝死了，就说这一定是过劳死，这个逻辑不对。科学方法要求你不但要知道有多少程序员像小赵一样劳累并且猝死了，还得知道有多少程序员一样劳累但是没猝死，有多少程序员不劳累但是也猝死了，以及有多少程序员不劳累也没猝死——把这四个数值都统计到，你才能知道猝死和劳累之间的"相关性"。

而且相关性还不一定是因果性。那你说我们抛弃普通人的见识，严格使用科学方法判断因果关系，搞一个科学的公正理论，行不行呢？也不行。

另一个错误就是试图用科学方法解决公正的问题。

小明的数学成绩不好，没有人指责小明，因为他的智商只有 80。他学习很努力，但是很吃力。他不擅长数学，但是可能有别的天赋，也许他处理上下级关系的能力比较强，长大说不定能当领导。

小玲的数学成绩也不好，但小玲的智商是120。她只是一做题就爱分心，喜欢看电视，学习不努力。家长和老师都批评小玲。请问这公平吗？

小玲完全可以说，我之所以不努力，也不是我

"想要"这样啊。我控制不了我自己！我就是爱看电视，有什么办法？自控力也是基因和环境共同塑造的，跟智商有什么区别？

科学家会说小玲说的有道理。脑神经科学家罗伯特·萨波斯基（Robert M. Sapolsky）在他的《行为》这本书[1]中反复强调，人只是一种动物，人的一切行为——不管是好的还是坏的——本质上都是生理现象；人没有自由意志。正如智商低的人数学成绩差情有可原，自控能力弱也不应该受到谴责。事实上，一切善行和恶行，都跟某些精神病人的暴力行为一样，可以用生理机制解释。

我们既然不应该惩罚精神病人，又为什么要惩罚"正常的"犯罪分子呢？

事实上，科学不但不相信人有自由意志，而且不相信事情有"因果关系"。每天早上公鸡打鸣之后太阳就会出来，你能说是打鸣导致了日出吗？车加了油才能走，你为什么就敢说是加油导致了车能走呢？是因为你知道汽车的运行原理吗？可是别忘了，除了数学之外，一切理论都只是你的信念而已。我们从世界中看到的只是各种现象，科学理论是对这些现象的规律的信念。纯粹理性只能告诉你相关性，所有因果关系都是人的想象。

设想王某开枪打死了李某。哪怕这个事实毫无异议，纯粹的逻辑也无法证明王某应该为李某的死负责。你总要加入一些主观判断。

可是难道说世界上根本就没有"公正"吗？

***

有些人认为一切事情都必有原因，有些强硬的哲学家则认为任何事都没有原因。这两种思维都不能用来思考公平和正义的问题。为了公平和正义，科学思考者不能走这两个极端，我们应该从"公正世界谬误"往理性的方向进一步，从"纯科学"往信念的方向退一步。

我们必须假设事情有因果关系，假装人有自由意志。因为如果不这么做，你就无法回答"为什么"。

事实上就算你相信因果关系和自由意志，也无法回答为什么。王小明为什么能考上大学？难道仅仅是因为他个人的努力吗？还因为父母和老师对他的培养，还因为社会提供了大学这个地方和高考这个机制，还因为高考当天他的身体健康，市内交通状况正常，他用的笔没出毛病，地球没毁灭……

"为什么"的因素是列举不完的。我们需要的不是"正确的"，而是"有效的"理论。

计算机科学家和哲学家朱迪亚·珀尔（Judea Pearl）[2] 有两个关键洞见，可以帮助我们思考公正的问题。

第一个洞见是，我们真正想要回答的其实不是"为什么"，而是下面这三个问题——

- 这件事发生了，那件事是否也会跟着发生？
- 我这么做会有什么后果？
- 如果当初我没有那么做，现在会是怎样的？

第一个问题是我们对世界的观察；第二个问题决定了我们如何干预世界；第三个问题让我们能够想象一个不存在的世界，让我们能有所创造。珀尔说，光靠数据分析是不能回答第二个和第三个问题的，你必须设想一个因果关系模型。

你必须主观地假设一个从王某开枪到李某死亡

之间的因果关系链条，才能回答像"如果王某没开枪，现在李某会不会还活着"这样的问题。

你看出来了吗？珀尔说的这三个问题都是实用主义的。我们其实并不关心绝对的"为什么"，我们关心的是怎么跟这个世界打交道。这正如你其实并不关心一个人的"动机"，你关心的是他的行为模式。

我们其实并不关心绝对的公平和正义，我们关心的是怎么利用"公平和正义"这个观念把世界变好一点。

***

那在这种实用主义的精神下，到底什么叫"原因"？出了事儿到底应该让谁负责呢？

珀尔的第二个洞见是，因果关系也好，责任也好，都不是绝对的"是"或者"否"，而是一个基于概率的数值。

在判断责任的时候，我们必须考虑两个概率：一个是充分概率，一个是必要概率。简单地说，对于王某开枪打死李某这件事，所谓的"充分概率"，就是"在王某开枪的情况下，李某死亡的可能性有多大"；所谓的"必要概率"，则是"如果王某没开枪，李某就不会死亡的可能性有多大"。

而要让一个人为一个行动的结果负责，他这个行动导致那个结果的充分概率和必要概率都必须很高才行。咱们举几个例子。

王某开枪导致李某死亡，王某应该负多大责任？如果王某是故意谋杀李某，而我们知道任何人中枪都很可能会死，那么王某开枪这个行为的必要概率和充分概率就都很高，所以王某应该负全责。

但如果两个人是在做一个惊险的杂技表演，王某是个神枪手，本来是瞄准李某头顶上的苹果射击，只是十分偶然地失手了——可能是因为这把枪突然出了问题——那么充分概率就比较低。又或者王某只是被派来杀李某的五个杀手之一，就算他没打中，别人的子弹也会让李某死亡，那么必要概率就比较低。在这两种情况下，王某都有理由只负一部分责任。

警察追小偷，小偷慌慌张张逃跑，没注意来往车辆，被车撞死了，警察应该负责任吗？如果警察不追他，小偷确实不会死，所以必要概率很高。但是这件事的充分概率不会很高，很可能是个意外：绝大多数人在路上跑并不会被车撞死。

工厂派周会计去银行取现金给工人发工资，周会计回来的路上现金被抢了，周会计应该负多大责任？这跟当地治安状况有关。如果明明社会治安情况恶劣而周会计却不谨慎行事，他的责任就很大；如果社会上极少发生拦路抢劫的事情，他的责任就应该减轻一点。

某市市长任职期间，该市多次发生重大灾难事故。市长说这不能怨我，每个事故都是由于不同的原因发生的，我有什么办法？他说的对吗？这取决于他在任职期间的举措是否增加了出事故的概率，以及如果不是他，而是换一个"典型的"官员来当市长，出事故的概率会有什么变化。

绝对意义上的是非曲直是无法断定的，我们最多只能指望"有效的"公平和正义。

为什么要惩罚犯罪？其实并不是为了实现真正的公正。我们惩罚犯罪大约是出于三个实用主义的原因。第一，把罪犯关起来可以避免他再次犯罪；第二，可以给潜在的犯罪分子威慑和警告；第三，也许在科学家眼中是最不重要的一个原因，让普通人获得公平感和正义感。社会良心可能只是人们的集体想象，但我们愿意继续维护这个想象。

我们明知道人没有自由意志，也明知道纯逻辑无法客观地确定事物的因果关系，但是为了让世界有效地运行，我们假装人有自由意志，并且主观地假设事物之间的因果关系。

这么做只是为了实用。除此之外，在给人断完了是非曲直之后，在夜深人静独处的时刻，你得承认"科学思考"的边界。

问答

欧阳：

万sir，我的问题有：1. 不少国家没有死刑，这是否是因为这些国家的大多数人认为，造成犯罪的原因，很多不是罪犯个人的因素？
或者是大多数人都相信人没有自由意志？

2. 既然人们都不真正关心公平和正义，死
刑的实施，不是更有实用价值吗？为何那些国
家还不支持？

万维钢:

自由意志的讨论适合一切惩罚犯罪的方
法，谈到自由意志这个层面，谈的是要不要惩
罚犯罪，是更基本的问题。现在所有国家都认
为应该惩罚犯罪，这个在政治家和普通人那里
都没争议，只有哲学家和生物学家有时候会畅
想一下自由意志和惩罚犯罪的问题。对于死刑
犯，我们关心的不是要不要惩罚——而是要不
要用死刑的方式惩罚。

很多国家废除了死刑，很多学者在呼吁废
除死刑，并不仅仅是出于对生命的同情，而恰
恰是考虑了实用价值。事实上，反对死刑的一
个首要原因，就是死刑并不能有效震慑犯罪。

学者公认的一个观点是，威慑犯罪的关键

在于惩罚的必然性和惩罚的合理性——也就是只要犯罪就一定会受到惩罚，并且世人公认，包括犯罪分子自身也明白这种行为应该受到惩罚——而不是惩罚的强度有多高。朱元璋对官员轻微的贪污行为都处以极刑，甚至搞出"剥皮实草"这种恐怖的刑罚，可是官员照贪不误；现代国家只是加强监管和监督，对贪污的惩罚强度没有那么大，贪污现象反而减少了。

如果犯罪分子在杀人的那个时刻，内心已经失去人性了，将来要被处以死刑这个前景，很可能会让他更加嗜血。他会想，反正都要死了，干脆多杀几个人。

反对死刑的第二个理由也是实用主义的，那就是可能会错杀。美国也好，中国也好，世界上任何国家，法官判案都有一定的误判比例。可能当时所有证据都指向这个人是凶手，过了十年新的证据出来了，发现不是他杀的。如果当初没判死刑，这个案子还有回归公正的可能性；如果当初已经判死刑了，这就是永久的错误。一个好的司法体系应该给人保留一点希望。

但是在我看来，这两个实用主义的理由都不如第三个理由有力量，那就是，"国家"这种东西，就不应该杀人。死刑，等于是人民授权给国家，让国家可以根据官僚集团自己的判断，去杀人。

法国小说家加缪年轻的时候是法国共产党员，第二次世界大战期间参与了反对德国法西斯的地下抵抗运动。在 1957 年，加缪写了一篇非常著名的文章，中文版叫《思索死刑》，是后来废除死刑运动的一篇重要文献。加缪反对死刑的最重要的理由，就是国家犯罪比个人犯罪容易："这三十年来，国家所犯下的罪，要远超过个人所犯的罪。"

我理解，加缪因为经历过纳粹德国和 20 世纪 50 年代那些惨烈的、打着国家的名头、由国家机构直接执行的对人的迫害，认为根本就不应该给国家这样的授权。其实我们现在想想也是：死刑可是杀人啊，人民能授权给一个机构去杀人吗？

我们还可以列举出别的反对死刑的理由。比如当代中国的司法理念中，刑罚的目的其实不只是震慑犯罪，更是教育和改造罪犯，但死刑显然没有这个作用。还有就是死刑本质上是非人道的，是不把犯罪分子当人看——而事实上，只要深入了解一下你就知道，那些死刑犯大多其实就是普通人。

死刑唯一的正面意义是它能平复犯罪受害者的仇恨和怒火。我特意读了我国检察官熊红文先生的《死刑犯：破解死刑的密码》这本书，我理解这也是中国目前保留死刑的唯一理由。从熊红文的论述，包括书中几位司法界人士的说法来看，中国将来也是要废除死刑的，只是现阶段国情还不允许——而这个国情，主要就是"我国民众根深蒂固的'杀人偿命'观念"。

我个人其实认为应该永远保留死刑。每当看到那些惨烈案件的报道，我都义愤填膺，认为只有对犯罪分子判处死刑才是公正的。但是我怎么想完全不重要。而且我认为脱离历史和当时的社会习俗，抽象地谈论要不要保留死刑，是不行的。

在人类历史的绝大部分时期，杀人是非常平常的事情。就在一百年，甚至几十年前，人们都可以完全无视一个跟自己没有任何关系的无辜者的死亡。《水浒传》里的梁山好汉经常有杀害无辜的行为，以前的人读书读到那些情节一点感觉都没有。是到了今天，要拍电视剧的话，类似的剧情才必须改编，以适应现代人的习俗。

人们对"什么行为该死"的观念一直都在变化。

一直到 1997 年，中国刑法仍然要求对某些普通盗窃罪判处死刑。有个案例是一个二十岁的小青年，因为参与盗窃近百次，累积偷盗财物相当于十几万元，就被判处了死刑。放在今天你觉得可能吗？

1997 年的《中华人民共和国刑法》废除了普通盗窃罪的死刑，结果此后六年间，重大盗窃案的发案率并没有发生明显变化。这不恰恰说明死刑对盗窃犯罪没有威慑力吗？

我国的《刑法修正案（八）》废除了十三个罪名的死刑，《刑法修正案（九）》废除了十一个罪名的死刑，法律正在随着社会的发展而改变。

那社会习俗是如何改变的呢？一方面固然首先是由经济发展情况、人民的受教育程度和社会治安的好坏等决定的；另一方面，也许正是被像加缪这样的知识分子推动的。

潘飚：

万老师，这个世界上不存在绝对的因果关系吗？一个放在桌上的瓶子，我不推它，它肯定不会掉到地上；我一推，它就掉到地上了。那"我推瓶子"和"瓶子掉到地上"，这两者难道不是百分百的因果关系吗？

万维钢：

你自己知道这是一个因果关系，因为你相信自己有自由意志。作为旁观者的我，可不知道。

我只看到你好几次推瓶子，瓶子都掉在了地上。对逻辑一贯要求严格的我，只能说你的动作和瓶子的行为之间有个相关性。事实上，如果我观察你的次数足够多，我可能会观察到有一次你推了，可是瓶子没动；还有两次你手忙脚乱地想要保护瓶子，瓶子也掉了。

就算你的动作和瓶子掉地上之间的相关性是100%，我也不能说是你导致了瓶子掉地上。也许是瓶子自己想要去地上，为了掩饰自己会动，故意吸引你做出一个其实没用的动作。也许是你预测到瓶子要去地上，故意做出一个推它的动作——就好像有人在地铁站台上发功，假装是自己打开了地铁的车门一样。也许这一切都是上帝的安排，也许这一切纯属巧合。

而就算你自己，如果考虑到意识是在动作之后发生的，也不应该相信这是一个绝对的因果关系。

20. 怎样从固定事实推测真相

　　南京的一个老太太在公共汽车站跌倒受伤。老太太说是一个叫彭宇的人把她撞倒的，彭宇说他只是乐于助人。警方已经得到了所有能得到的证据，而那些证据并不能明显地支持某一方的说法。如果你是法官，你怎么判呢？

　　美国国父托马斯·杰斐逊（Thomas Jefferson）是一位公认的伟大的、正直的人物。然而历史上一直有一个传闻，说他与一个名叫莎丽·海明斯

（Sally Hemings）的黑人女奴有染，两人还有私生子。现在正反两面的材料都有。如果你是历史学家，你能不能对这件事做个推断呢？

你最近的工作很不顺利，特别是刚接手的一个项目明显难以做成。你怀疑上司是不是在故意给你出难题，因为他想阻止你升职。你这个猜测合理吗？

这一节咱们说说如何从有限的事实证据出发，提出一个能解释这些事实的、最合理的假说。这种思维方式叫作"溯因推理（abductive reasoning）"。

***

溯因推理这个概念出现得相当晚，是在 20 世纪初，才被美国哲学家查尔斯·皮尔士（Charles Peirce）提出来的。皮尔士把溯因推理和我们前面讲过的"演绎法"和"归纳法"并列，算作第三个基本的论证方法。简单地说，溯因推理是寻求事情的原因、解释和背后的机制的方法。

你相信"汽车需要汽油"这个理论，并且据此推断出"一辆快没油了的车必须赶紧去加油",这是演绎推理。你看到的几乎每一辆车都要加油,据此得出"汽车都需要加油"这个规律,这是归纳推理。而溯因推理,则是当你看到城市里有很多加油站的时候,你推测这些加油站是干什么用的:你观察到加油站都设在交通路口,有很多车从中进进出出,于是你猜测,加油站是给汽车加油用的。

演绎法是从原因推导结果。归纳法能验证现有的理论,对新理论,则只能告诉你一个简单的、近在眼前的规律。而溯因推理,则是从结果推测原因。

"观察、假设、验证"这一科学方法中的"假设",如果涉及一个背后的深层解释,那么想象这个假设的过程就是溯因推理。

网上流传一句话,号称是电影《教父》里说的,但其实不是。这句话说:"花半秒钟就看透事物本质的人,和花一辈子都看不清事物本质的人,注定是截然不同的命运。"这个所谓的"看透事物本质",也是溯因推理。比如有个在网上卖鞋的公司 Zappos,刚开始怎么做都做不好。CEO 谢家华意识到那是因为他们"只做订单不做库存"这个商业模式不对，意识到卖鞋必须建立自己的库存，这就是溯因推理。

从证据还原犯罪现场，从历史记录推测历史事实，这些也是溯因推理。

从一个人的意图推测他的行为，这是演绎法。从一个人的行为推测他的意图，则是溯因推理。

你可以想见，溯因推理是一种非常不严格的思考方式。

***

严格的科学方法要求你光有一个假说不行，还得去做实验验证那个假说。面对同样一组事实，也许有好几个假说都能进行解释，到底哪个对呢？你必须做几个实验才能知道。如果一起事件后续又有了新的事实，我们还可以使用概率统计学中的贝叶斯方法，让观点随着事实发生改变。

然而世界上有些事儿是不能做实验的。有时候事实已经固定了，就只有这么多。

彭宇案的现场没有监控摄像头，法官知道的事实只有老太太跌倒受伤，彭宇帮着把老太太送到医院，还垫付了 200 元医药费。对这些事实有两个假说都可以解释：一个是彭宇撞到了老太太，他是出于愧疚和责任感才做了那些帮忙的事；一个是彭宇没有撞老太太，他只是在做好事。那你说哪个假说对呢？法官不可能拿这两个人做科学实验。

杰斐逊和女奴的事儿发生在 200 多年以前，对这个传闻也有两种解释：一个是这纯粹是当时的小报记者为了争夺眼球而编造的故事；一个是无风不起浪，杰斐逊应该真有事。历史学家面前只有文献资料，不可能重返现场。那历史学家该怎么办呢？

有一种观点认为，历史学家应该只关心绝对的事实，不作任何主观的推测。你只要记录下来有这么一个关于杰斐逊的传闻就行了，至于是不是真的，你就说你也不知道。这无疑是最严谨的姿态，但是严格说来，这是根本不可行的。

如果禁止任何形式的推测，那你连比如说"拿破仑"这个人是否真实存在过，都不能肯定。你没见过拿破仑本人，你手里有的只是当时流传下来的一些文件和物品而已。也许那些都是法国人捏造的。以前有个日本学者就写书说，中国历史上的大禹是个虚构的人物。现在有个中国学者叫何新，写了好几本书论证西方的古代文明史——包括古希腊、古罗马那么辉煌的历史——都是后人伪造的。何新不接受反驳，而你的确无法纯粹靠逻辑证明他说的不对，事实是我们现代人谈论一切古代史都要用到大量的推测。

历史学家必须作一些推测，才算对历史、对读者有个交代[1]。法官必须作出一个判决。推测别人的意图不是一个好的科学态度，但是如果现在你正面临要不要跳槽这个选择，你就必须推测一下那个上司对你到底是什么意图。

我们要问的不是应不应该推测，而是应该如何推测。你需要诚实地、明智地进行推测。

***

溯因推理是科研的起点、洞见的来源和我们对过去发生的事情所能作的唯一的判断。溯因推理非常有用，但它提供的只是假说，只是可能性。至于怎么发现和提出各种假说，则需要你掌握相关的证据、事实、数据、知识，特别是你脑子里最好有一些现成的思维模型，在不同的领域中有不同的方法。

我们这一节关心的是，如果你面前已经有若干个假说而又无法进一步验证，你应该如何诚实地、明智地从中选择一个。

严格说来，你最后选的这个只是假说，但它已经是历史学家判断的真相、法官判案的依据和你行动的指南。

你该怎么选呢？哲学家、历史学家和法学家给我们提供了四个选择标准[2]。

第一个标准是"通融性"，也就是这个假说能解释的资料越多越好。

这个标准非常容易理解。我们为什么相信拿破仑这个人存在过呢？因为"拿破仑存在过"这个假说足以解释现在有关拿破仑的一切文件记录和实物证据。你要非说拿破仑是虚构的，比如说"是法国人编造的",那么你这个假说的确可以解释法国那些有关拿破仑的记录。可是英国人也声称他们见过拿破仑啊,英国那些记录又怎么解释呢?

第二个标准是"简洁性",也就是这个假说需要的辅助解释越少越好。

这个标准会让你想起"奥卡姆剃刀",因为它要求我们选择最简洁、最平淡、最保守的解释。有证据表明前天晚上发生交通事故的那条路路面是湿的,这说明什么呢?最简单的假说就是当天下雨了。当然还有别的可能性,比如说附近有一条小河,突然涨水了,河水漫过了路面。涨水这个假说就不太好,因为你必须解释为什么小河会涨水,以及为什么有人在会涨水的地方修建了这条公路。

简洁性要求我们尽量用平淡的事情去解释离奇的事情,而不要用离奇的事情去解释平淡的事情。为什么我们不应该相信"阴谋论"呢?因为阴谋论都是假设比如说"有幕后黑手"之类的事情,这种事情都要求那个幕后黑手必须无比强大,甚至几乎能掌控整个世界才行。按照网上某些人的逻辑,世

界上一切产生国际影响的大事件都是中国政府或者
美国政府在暗中策划的——他们大大高估了政府的
控制能力。

比如"汉隆剃刀（Hanlon's razor）"——"能解
释为愚蠢的，就不要解释为恶意"——也是这个意
思。愚蠢代表人们在生活中常犯的各种错误，比如
说忘记了、错了、漏了、误会了等，是简单的、常
见的、大概率的，而恶意是罕见的。

如果那个上司除了安排最近的任务这一件事之
外，没对你做过别的不好的事，你大概就可以用汉
隆剃刀排除"他是在故意整你"这个猜测。

第三个标准是"类似性"，也就是这个假说跟
我们知道为真的那些事实越相似越好。

有人论证杰斐逊的确跟海明斯有染的一个理由
是，在当时的弗吉尼亚，白种男人跟女黑奴发生性
关系是一个相当普遍的现象。这个理由不是很充
分，但可以算是有一定的力量。要是反过来，当时
的历史现实是白男几乎没有跟黑女发生过性关系
的，那么杰斐逊就可能是清白的了。很多律师给人

辩护的时候常常用"这个人平时的行为一贯良好"来论证他不太可能犯罪，也是在运用"类似性"。

说到这里咱们就不得不说南京彭宇案了。根据最高法院 2017 年发布的说明 [3]，南京法官判决彭宇赔偿老太太并没有冤枉他。彭宇事实上已经承认了自己撞人。这个判决其实达到了实质正义。

但这个判决真正的问题不在于结果，而在于判决书。法官在判决书中展现的论证逻辑是，彭宇如果没撞老太太，为什么给人垫付了 200 元的医药费呢？判决书说：

"根据日常生活经验，原、被告素不认识，一般不会贸然借款；即便如被告所称为借款，在有承担事故责任之虞时，也应请公交站台上无利害关系的其他人证明，或者向原告亲属说明情况后索取借条（或说明）等书面材料。但是在本案中并未存在上述情况，而且在原告家属陪同前往医院的情况下，由其借款给原告的可能性不大；而如果撞伤他人，则最符合情理的做法是先行垫付款项。"

以我之见，法官使用的溯因推理判断标准就是"类似性"——但是法官使用了错误的"类似"。判决书的表述等于说中国人通常不会拿钱给别人做好事，就算要做好事也会先留下证据。可中国是这样的吗？事实是中国每天都在发生各种无私帮助别人不留证据的好人好事。

正是这一份判决书，让很多国人再也不敢帮扶跌倒的老人。它就如同一个自证预言，一度改变了中国的社会规范。

第四个标准主要用于推测历史事件，它说的是"从结果到原因的解释，总是优于从原因到结果的解释"。简单地说，就是你要尽可能地从后往前推，不要从前往后推。

这是因为从原因到结果有太多可能性了。我给你打个比方。你为什么相信中华人民共和国是1949年10月1日这天成立的呢？如果你从后往前推，那是因为我们看到1949年以后有大量的文件、实物、当事人的回忆，都说那一天是建国日。这样的证据非常有力。

反过来，如果你用1949年以前的证据推测1949年的事儿，就太容易犯错误了。你要是说因为早在 1946 年的时候，就已经有足够多的证据表明领导人英明神武、解放军骁勇善战，所以你相信解放战争打到 1949 年肯定打完，所以你相信中华人民共和国一定是在 1949 年成立的……那你这个推导就太弱了。

对历史事件用演绎法是非常危险的，那其实就等于在预测未来。过去和未来是不对称的。同一个原因可以产生各种不同的结果，但同一个结果只对应很少的几种原因。这儿有一个孩子，你要判断他父母是谁，这很容易；这儿有一对夫妻，你要判断他们会生出一个什么样的孩子，那不可能。

有人论证杰斐逊不会跟海明斯有私生子的理由，是杰斐逊是个正直的人，还有种族主义思想，所以他不会对女黑人有想法，这就是从原因到结果。

有人论证杰斐逊的确跟海明斯有私生子，理由是"杰斐逊特别关照海明斯的孩子（并最终给了他们自由）；很多资料记载莎丽·海明斯的孩子看起来很像杰斐逊；麦迪逊·海明斯（Madison Hemings）自称是杰斐逊的儿子；海明斯每次怀孕的时候，杰斐逊都正好在位于蒙蒂塞洛的家中"[4]，这就是从结果到原因。

后者比前者更有力。

如果有什么事儿是比从一个人的行为推测他的动机更可怕的，那就是从一个人的动机去推测他一定有过什么行为。

***

你可能会说，这里说的所有标准都是不可靠的！再怎么说也只是推测！没错。但是我们有时候只能推测。而这些标准能让我们作出最合理的——也可以说是最符合程序正义的——推测。

我们已经距离纯逻辑越来越远了。

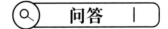

浪是一朵花：

您能解释一下"曼德拉效应（Mandela

Effect）"的真相吗？或者说能科学地推测一下真相吗？

万维钢：

曼德拉效应是个特别有意思的效应。它最早可能是在 2010 年，由一位爱好超自然现象的美国博主菲安娜·布梅（Fiona Broome）提出来的。

布梅写文章说，我印象中那个南非黑人领袖，纳尔逊·曼德拉（Nelson Mandela），不是 20 世纪 80 年代就已经死了吗？难道你们不记得吗？怎么现在他当上南非总统了呢？

布梅据此提出了一个假说：其实曼德拉真的在 20 世纪 80 年代就死了，但是后来有人可能是通过穿越时空的方式，回到了 80 年代，救下了曼德拉，改写了历史。而我们现在是身处一个被穿越者分叉了的平行宇宙之中。但是历史的改写并不是很彻底，所以你、我，我们这些人——大概全世界有那么几千人吧——还保留了曼德拉已死的记忆。

你发现一起公共事件的真实情况跟你一直以为的、跟你记忆中的都不一样，而且还有别人也有这种感觉，于是你们推测是不是历史被改写了，这就叫曼德拉效应。

我看过中文世界里有一篇讲类似效应的文章，说香港演员午马——就是长相挺老的那个——不是已经死了吗？怎么最近又听说了他结婚的消息？是不是午马其实死了，后来历史改写了，但是我们这几个人保留了上一版历史的记忆呢？

我还看过一个例子，有一群美国网友在Reddit网站上讨论，说你们看没看过20世纪80年代一部由某某影星出演的某某电影？有好几个人表示看过那部电影，有的明确记得自己租过那个电影的录像带。但是，现在整个互联网上都找不到那部电影存在过的证据。你查那个影星的演出记录也好，搜索图书馆也好……不管用什么手段，你都无法证明真的有过那么一部电影。那么，那部电影是真的存在过吗？是不是历史被改写了，那部电影被抹去了，只是我们这几个人的记忆里还有呢？

根据简洁性原则，对曼德拉效应最好的解释就是我们的记忆出错了。跟人们的直觉相反的是，人的记忆非常容易出错。

有人曾经做过这样的调查：2001 年"9·11"事件当天，你在做什么？你跟谁在一起？"9·11"可是历史大事件，我们的记忆应该非常鲜明，对吧？不对。有个心理学教授记得当天他是跟自己的三个研究生在一起，结果回访他们，证明根本不是这样。

事实是你的记忆根本就不可靠。你可能觉得曼德拉和午马会死，然后你无法区分"觉得"和"发生"。这个解释最简单。

如果你非得说这是因为历史被改写了，你就必须同时解释以下这些事儿——

·穿越时空、改变历史是可能的；

·然而平行宇宙的分叉并不是很彻底，导致有些人还记得另一个时空里的事儿；

·而这个不彻底又恰到好处：我们既能发现一点蛛丝马迹，又不至于让所有人都明显地感觉到历史被改写了……

你觉得这可能吗？这个解释的成本是不是太高了？它存在理论上的可能性，但是不值得严肃对待。

不过，在我今天写这个问答的时候，也发生了一个有意思的事儿。我明明记得，就在几年前——也就两三年前，肯定没有六年那么长——我看到了关于影星午马的那篇说平行宇宙分叉的文章。我还记得我当时特意查了，午马没死，而且是新婚。

可就在刚才，我为了写问答又去查了一下，结果发现午马2014年就去世了！

要不就是我的记忆出现了严重错误，要不就是平行宇宙又分叉了。你们记得当时网上流传的那篇有午马的文章吗？你们听说过午马去世吗？

21. 神来之类比

　　市面上有不少讲"批判性思维"的书，像摩尔（Brooke Noel Moore）等人的《批判性思维》[1]、布朗（Neil Browne）等人的《学会提问》[2]、保罗（Richard W. Paul）的《思辨与立场》[3]，等等，很多是低年级大学生的教材，有的已经出了十几版。这些书讲得都很有条理，试图给人提供一个一揽子思考解决方案。以我之见，这种标准化的"批判性思维"虽然能帮助有心人更清醒地思考，但仍存在一定的不足。

标准化的"批判性思维"把思考变成了走流程。怎么避免常犯的思维偏误？一、二、三、四。如何知道一个说法是否可信？A、B、C、D。但是正如我们前面讲的，科学不是方法，科学思考也不是算法和逻辑规则。我们讲到了最前沿的科学哲学，事实是并没有一套标准的操作能让你机械化地明辨是非。

中国有句话叫"通变之谓事，阴阳不测之谓神"。真实世界里的事儿，不会按照固定流程走，你得掌握套路的变化才行；真实世界里的是非，往往不能用纯逻辑规则判断。

我们这本书讲的是科学思考的大乘功夫。思想家的每一件武器都是运用之妙，存乎一心的东西。我们讲的技术是"非线性"的，你既要掌握很多流程，又要能够从流程中跳出来，去审视流程本身。

有人说，"有的人活成数据，有的人活成算法"。其实活成算法并不比活成数据高级。数据代表以往的经验，算法代表机械化地应用经验。如果说活成数据的是被观测对象，那活成算法的也只不过是工具人。而科学思考者，则是知道该搜集什么数据，提出创造性的假设，能够合理验证理论，以及书写、改进和审视算法的人。

这一节，我们要讲一个更为基本的思维方法。世界上有一些特别厉害的思考者，比如高斯（Johann Carl Friedrich Gauß）、欧拉（Leonhard Euler）、爱因斯坦、冯·诺依曼（John von Neumann）这些人，是神一样的存在。没有人知道怎么才能学到他们的本事——而这个方法，就是我们唯一可以跟他们学的。这个方法用好了，能够出神入化。

这个方法就是"类比"。

***

所谓类比，就是寻找不同事物相同点的思维。你接手了一个新工作，感觉有点吃力，想要系统地学一学其中的专业知识，就说"我要找本书充充电"。这就是类比。你把知识类比成能量，那么相应地，自己的知识系统就是电池。这很像是比喻，但类比是更为基本的思维：比喻只是类比的一种，主要目的是为了表达；类比则是为了思考。

明明是不同的事物，你却能看到它们的相同点，发现它们其实是一回事儿，这是一种非常高级的能力。有的人说这是"从具体到抽象"[4]，但我更喜欢学术通才侯世达（Douglas Richard Hofstadter）的说法，这叫从"表象"到"本质"[5]。你得能从两个不同的表象中看到相同的本质，才能对这两个东西进行类比。

类比有风险。有人把男女之情跟磁铁作类比，说"同性相斥、异性相吸"，并且据此推论出同性别的两个人在一起必定合不来，甚至据此论证同性恋是违反天性的行为，这就不是一个好类比。人类情感跟磁铁是两码事，你强行类比那是你的问题，不是事物本身有问题。

可是我们应该如何判断一个类比是不是正确的类比呢？没有统一的方法。你大约只能在类比之后，仔细考察两个事物的本质是不是真的一样，才能据此下判断，你无法事先甄别和选择类比。

因为类比经常出问题，有的"科普人士"干脆禁止普通人对科学知识进行类比——我认为这是错误的。事实是人根本就离不开类比，理解和运用科学知识更需要类比。

***

有一天你来到一座新建成的写字楼办事，一看这座大楼充满科技感，特别是里面的电梯都是你从来没见过的样式，但是你仍然，仅仅凭借直觉，就正确地使用了那部电梯。

你这个行动便用到了类比。你坐过其他类型的电梯，但这样的电梯你没坐过，那你为什么会用呢？因为你合理地猜测到它跟别的电梯本质是一样的。这个猜测，就是类比。

只要是一个新情况让你联想到以前遇到过的情况，你就会使用类比。有类比，我们才能提炼和运用经验。使用一个社会科学的理论，运用一个心理学的套路，包括生活中说的"唇亡齿寒""说曹操曹操到"之类的典故，也都是类比。你要是敢跟老板说："别的公司加班都有加班费，我们公司能不能也发加班费呢？"这也是类比，而且是非常合理的类比。

事实上我们早就已经把类比运用于无形之中了。桌子腿明明是木头的，我们为什么管它叫"腿"呢？"高"和"低"不是高度的概念吗？为什么我们说"这个东西的质量很高""这个人的水平很低"呢？"吃"这个动作不是往嘴里送吗？为什么你上次超速被警察拦下那个事儿，说自己是"吃"了罚单呢？

有些人认为真正的类比必须是严格的。有一类逻辑测试题，比如美国研究生入学考试（GRE）的词汇题，就是专门考类比。这种题就像对对联一样，比如说，"西瓜"之于"红色"正如"西兰花"之于 _____，这道题你必须选"绿色"，因为它和"红色"说的都是物体的颜色。这样做题是没问题，但是侯世达特别强调，真正的类比不应该限定必须是精确的。

不精确的类比也是类比，而且往往更有用。"后妈"也是"妈"，这个类比好像没问题——可为什么"祖国"也是"母亲"呢？后面这个类比显然扩大了"母亲"的范畴，但是如果严格地讲，"后妈"其实已经扩大了母亲的范畴！事实是我们的思维一直都在不声不响地扩大各种概念的范畴。这就好比说——这里我们引用一个侯世达发明的类比——以前的人说"北京"指的就是北京城墙以内的老城区，可是北京一直都在变大："北京"没有固定的边界。

一个类比好不好，不在于它够不够精确，而在于它能不能给你带来好的启发。

***

对科学思考者来说，类比最重要的作用是帮你提出假设。观测结果和数据不会自动给你提供假设，假设都是你这个思考者自己想出来的。你的假设越高妙，你的理论就越有意思。有时候你几乎得是凭空地、从天而降地给个假设。这样的假设是从哪儿来的呢？除了演绎和归纳，最方便的办法就是类比。

比如说，伽利略提出过一个"相对性原理"，意思是如果你在一艘行驶得非常平稳的船里，如果你看不到船外面的景物，那么不管做什么样的力学实验，你都无法判断这条船是正在做匀速直线运动，还是处于静止状态。后来爱因斯坦创立狭义相对论，恰恰就是把伽利略这个相对性原理给推广了：爱因斯坦说，如果我做的不是力学实验，而是电磁学实验呢？如果我用到光呢？我应该也无法判断船的状态。

这个不是演绎法，爱因斯坦扩大了相对性原理的范畴，而不是在应用相对性原理。这是类比。伽利略那个原理的作用是给爱因斯坦提供了启发，让他提出了包含电磁学的相对性原理——这么一个新的"假设"。当然之后爱因斯坦和实验物理学家必须验证这个假设才行，但提出假设是整个科学发现中最关键的一步。

类似地，爱因斯坦在广义相对论中把"加速运动"和"引力"这两个以前看似完全不一样的事物等同了起来，这也是类比，而且是神来之笔。

为什么爱因斯坦能作出这样的类比？因为他在专利局工作过。爱因斯坦的很多思想实验都跟电梯有关系，正是因为他审核过很多关于电梯的专利。

学者们常常会把自然科学中的概念类比到社会科学中。"熵"明明说的是一团气体的混乱程度，结果被用于描写公司和组织的混乱。"作用力和反作用力""加压和泄压"明明是力学概念，结果被用于社会治理。"演化"本来是生物学的事儿，现在普遍被用于论证市场经济。这些类比有的对有的不对，但可贵的不在于准确性，而在于你能想到它。

***

创新也是一种假设和检验，而类比最能提供创新。类比的创新思路就是把一个熟悉的领域的东西，应用到新的场景之中。

比如说"滴滴"和 Uber 允许普通人用自己家的车给陌生人提供服务，那住房能不能也这么干呢？于是就有了 Airbnb 这种共享住房业务。那自行车能不能共享呢？就有了"共享单车"。

顺着这个思路，那办公室可不可以共享？偶尔干个活儿用的工具可不可以共享？书有没有必要共享？秘书也可以共享吗？类比能提供思路，然后你再验证。

我最近参加了一次"国际消费电子展（CES）"。我发现，市场上即将推出的各种主流新产品，都可以用一个公式表示：

AI＋联网＋屏幕＋X

这个公式里面，X可以是家电、汽车、住房、健身用品、机器人，或者任何你能想到的东西。比如所谓的智能电冰箱，就是带有屏幕，能联网监测食物过期时间，提供菜谱，可以下单买食物的电冰箱；智能衣橱，就是带有屏幕，能用AI把你的形象和衣服搭配起来的衣橱……这个道理是，AI和5G网络只要成熟了，你就可以把它们用在一切地方。

***

想把类比作好，要求我们透过事物的表象看到本质，那怎么知道一个事物的本质到底是什么呢？答案是，事物根本就没有"内在的""唯一的""本质的"……本质。你看到什么取决于你怎么看，也就是你的视角。

这儿有一辆特斯拉电动汽车。你说它是一个交通工具也行，说它是一个比较贵的东西也行，说它体现了人工智能在自动驾驶方面的应用，说它是埃隆·马斯克的一个成就，说它是中美合作的新项目，说它速度快，说它环保……怎么都可以。不同的人有不同的视角，同一个人考虑一个东西也可以用多个视角。每个视角都带来一个或者几个思维模型，每个模型都可以用来作类比。

类比只有好不好，没有对不对。从这个意义上说，你可以认为类比是一种艺术。

为什么这个世界允许人们作类比？因为世界是讲理的，因为道理总是比东西少，而道理是通用的，一个道理可以用在不同领域的不同东西上。我猜一切道理都是某种数学结构，都是柏拉图世界在我们这个世界的投影，不过是不是这样都不妨碍你使用类比。

因为世间的道理可以千变万化，所以类比没有规则。类比的作用是给你提供一个假设的思路，是灵感，是可能性。"可能性"在英文中有两个词，一个是 possibility，意思是有没有这个可能；一个是 probability，意思是这个可能有多大。我们前面讲的奥卡姆剃刀、科学实验方法、溯因推理的选择标准，关心的都是评估 probability；而类比，关心的则是提供 possibility。

要先想到一个可能性，才谈得上去评估和验证这个可能性。大多数人的问题不是想错了，而是想到的可能性太少，是根本猜不到那个东西的本质，因为他们根本没往正确的方向上想。如果你想不到跟什么东西类比，很可能是因为你知道的模型太少。查理·芒格（Charlie Thomas Munger）号称总结了 100 种常用的思维模型[6]，其中主要是心理学；斯科特·佩奇（Scott E. Page）在《模型思维》一书中描写了几十个模型[7]，其中主要是数学……

我知道的聪明人，没有一个不爱用类比的。类比功夫是你学问和经验的积累，是你聪明才智的发挥。这是一门一辈子的功夫。

22. 两条歧路和一个心法

　　萧伯纳有个剧本叫《巴巴拉少校》，其中有一段对话，曾经给王小波留下深刻印象。军火大王安德谢夫想给自己的儿子斯泰芬安排个好工作。他列举了文学、医学、法律、军事等一系列职业，可是斯泰芬都不感兴趣。安德谢夫说，那你到底能干啥呢？你有什么特长和爱好？

　　斯泰芬说，我别的都不会，唯有一项长处：我会明辨是非。

　　安德谢夫一听气坏了，说那么多哲学家、律

师、商人和艺术家都不知道怎么明辨是非，你会明辨是非？！

王小波二十来岁的时候读到这一段，曾经"痛下决心，说这辈子我干什么都可以，就是不能做一个一无所能，就能明辨是非的人"。可是等到四十多岁，他却专爱写些明辨是非的文章："我活在世上，无非想要明白些道理，遇见些有趣的事。……为此也要去论是非，否则道理不给你明白，有趣的事也不让你遇到。"[1]

《科学思考者》这本书的目的就是激励你学习如何明辨是非。我们现在有比萧伯纳、王小波那个时代更高级的学问资源，但明辨是非仍然是个很难的事儿。

所谓明辨是非，就是在模糊、争议和两难的局面下，知道什么是真什么是假、什么是对什么是错、该做什么不该做什么……或者至少知道该如何判断。

***

你容易理解为什么大多数人不会明辨是非。

面对一个不熟悉的，甚至可能超出自己认知范围的事物，人们会被情绪和视野限制。王小东对中国足球很恼火，所以就把中国足球说得一无是处；聂卫平是个下围棋的，所以在他眼中中国足球的问题就应该用围棋解决。

人们会受到各种——有几百种之多——思维偏误的影响。人们不会客观评估自己在世界上的位置，把奇迹当作愿望，把愿望当作现实。人们不能理解真实世界的复杂性，用故事解释事件，用标签简化他人。人们分不清观点和事实，不会诚实面对自己的立场，不懂得跳出自己的视角。

这些偏误都是可以通过学习和训练避免的。现在有很多大学，包括一些中学，都开设了批判性思维课程。已经有一些基于随机分组实验的研究证明，学习批判性思维的确能提高学生的批判性思维能力[2]。不过我们必须诚实地说，有一些最新的研究认为这些课程的效果很有限，而且难以持续很长时间[3]。

以我之见，批判性思维——以及更大范畴的"科学思考"，并不是一门课程，不是一套标准化操作方法，不是可以直接安装进大脑的操作系统。科学思考是一门功夫，是人的修养。你必须在每一个具体的问题中慢慢磨炼才行。你得犯过很多错，吃过很多亏，以至于一想起来自己当年竟然那么幼稚，会感到很不好意思才行。这里面有一些说不清道不明的东西，你得达到运用之妙存乎一心的境界才行。

科学思考不是一条简单的直线路径。很多人走着走着就走偏了，走上了两条歧路。

***

一条歧路是教条主义。

有个心理学效应叫"皈依者狂热"，意思是加入一个社区的外来者，往往比这个社区的原生居民更狂热、更虔诚地相信社区的教条。有的日伪军对中国老百姓比日军还狠，有的留学归国人员跟中国人说话也非得用两个英文单词。皈依者狂热在科学上的表现就是，很多不搞科研的人——比如科普作家和科学记者——比科学家更相信科学。

科学家对科学其实没有那么强烈的信念。科学家只是搞研究做出发现而已，他们希望自己发表的结论是对的，但是他们作为内行，深知有太多发表出来的结论都是不对的。

科学很了不起。科学方法是可积累的、有秩序的思考。像量子力学这样的著名科学理论常常是历经几代人、从理论到实验反复验证、千锤百炼的结果。科学有明确的进步，而人文学科到现在还在琢磨孔子和苏格拉底那些人的话。

但科学不是教条，科学也不是方法，科学也不仅仅是"可证伪"那么简单。我们小心翼翼地考察了科学是怎么回事儿，我们知道科学结论只是程序正义，不是真理。

教条主义者的眼中是个非黑即白的世界，他们希望一切道理都像数学那样可以用纯粹的理性和逻辑证明。

而我们发现那条路根本走不通。如果你既要保证智识的诚实，又要解决真问题，你就不得不承认，你做不到绝对的客观。你总要先有个不是跟所有人都一样的立场。你得不问为什么就相信一些信念。你得承认自己只能接收到部分的事实。你需要提出若干个大胆的、有时候是神来之笔一样的假设。然后你还得使用奥卡姆剃刀之类、近乎"审美"一样的标准去选择哪些假设值得你费功夫进一步思考和检验。

你得承认你只能得到一个大概有可能正确——但是也有可能不正确——的判断。科学思考的作用仅仅是让你正确的可能性更大一点。你思考好了一个观点，可是如果事实变了，你就得用贝叶斯方法调整你的观点。而有时候哪怕事实实在有限，并不足以让你形成过硬的观点，你也得给个观点。然后你别忘了用做实验之类的办法来检验你的判断。

我们讲了演绎法、归纳法、溯因推理和类比思维，这些方法一个比一个不客观，一个比一个大胆……恰恰因为是这样，只要你用好了，它们才一个比一个厉害。

有些极端的教条主义者认为自己已经掌握了真理，坚持无比强硬的立场，把不跟他们保持一致的人都视为敌人。这样的人非常危险，会害人害己。

***

另一条歧路是虚无主义。

以前有个科普节目说你得吃那些东西，还得那么做，才能减肥；可是没过几年你又听到一个健康专家说不对，你得吃这些东西，得这么做，才能减肥。如果连牛顿力学都是错的，连爱因斯坦都能在量子力学上犯错误，那还有什么科学结论是值得坚信的呢？我们长大以后读书看到的历史人物和历史事件跟中学课本上说的几乎完全不一样，现在甚至还有人说秦桧和汪精卫做的事儿也有他们的道理……

虚无主义者有感于这些，索性认为这个世界根本就没有是非。他们犯了两个错误。

第一个错误是"滑坡论证（slippery slope argument）"。这是一种上纲上线式的归纳法，是无限制的推广。小张找小李借10块钱，小李拒绝了。别人问小李说，你为啥连10块钱都不愿意借给同事呢？小李说，我今天借给他10块，明天就得借给他100块，过几天就是10000块……那我受得了吗？

事实是，小张只是因为临时要坐公共汽车忘了带钱包而已！同事之间借点小钱很正常。学术界只是对有些事情有争论，对大多数事情是有共识的！学术有争论很正常，你不能看到表面上波涛汹涌就说整个大海都会随时翻个个——知识没有那么容易被推翻，科学思考者的世界观的确会不断改进，但没有那么不稳定。

第二个错误是"涅槃谬误（nirvana fallacy）"，也叫"完美主义谬误"。这是一种愿望思维，认为只有完美的东西才值得存在：如果一件事不能做到完美，那就不应该做。你说政府应该禁止未成年人饮酒，他说那又有什么用呢？他们还是可以弄到酒偷偷喝。你说你应该上大学，他说上大学有什么用？你没看很多大学生都找不到工作吗？

事实是，就算不能完美解决问题，能解决一部分问题，能以一定的概率解决问题也行啊。你说我经过思考，得出了这么一个不一定正确的结论，他说不一定正确的结论为什么还说出来？可是除了数学，我们本来就不应该指望获得绝对正确的结论。

科学思考本来就只能提供有限的知识，但有限的知识远远好过没有知识。

有些虚无主义者走向了反智，他们不相信而且鄙视专家和知识分子，总是怀疑别人在故意骗他们。有些虚无主义者成了犬儒主义者，他们认为除了利益是真的、及时行乐是真的，其他一切都是假的。还有一些虚无主义者是相对主义者，他们认为世界上并没有绝对的对错和好坏，一切都是相对的，一切认知都是平等的。

***

我们科学思考者相信世界是讲理的，但是并不认为人可以轻易得到绝对的真理。这本书一边探索了寻求正确结论的方法，一边列举了这些方法的局限性。这个过程本身就是个很好的思维训练。我希望你一边学习科学思考，一边通过对"科学思考"的思考，演练科学思考。

遇到事情，怎么避免教条主义和虚无主义这两条歧路呢？注意，正确做法可不是刻意地走什么

"中间路线"，去和稀泥。我这里有一个心法。

这个心法叫作"总是研究有具体情境的问题"。

有具体情境的问题，才是真问题。

"你喜欢红色吗？"这就不是一个真问题。你可能喜欢红色的礼品包装和红色的口红，但是不喜欢红色的键盘和红色的窗帘。单纯说红色没意义。"这个键盘，你希望它是红色的吗？"这才是真问题。

"秦桧的行为有百分之多少的合理性？"这不是一个真问题。你得知道这个问题是谁、在什么情况下问的才行。如果是宋高宗赵构在已经确定了求和政策的情况下问你，那秦桧的策略就是合理的；如果是国家已经改变思路了，要抗金，要光复河山，那就必须先把秦桧干倒。

"这个药有效吗？"这不是真问题。"根据当前科学理解，根据有限的实验证据，在没有其他有效替代的情况下，考虑到这个人的风险承受能力，这个药该不该吃？"这才是真问题。

"救一个人还是救五个人？"这其实也不是真问题。我们必须考察那一个人和那五个人是由于什么原因把自己置于危险之地，考虑当地的法律规定，还得考虑救人这件事对当时的社会规范会有什么影响。

教条主义者自己不会考虑情境，虚无主义者不知道别人考虑了情境。

除了数学和在我们这个宇宙里谈论自然科学之外，真问题都得有具体的情境。有具体情境，你才能有立场和视角。立场提供了思考的出发点，视角提供了假设的思路。

有时候你得兼顾别人的立场，换位参考别人的视角——但是世界上的事儿大多没有绝对的客观：总要先有立场和视角，思考才能展开。

***

出了个什么事儿，别人找你拿个主意，这是科学思考者的荣誉也是责任。你不判断不行，胡乱判断更不行。你积平生之所学，也许就是为了作判断这一刻。为了作出高水平、负责任的判断，你必须——

· 既要有坚定信念，又要有开放头脑；

· 既要坚持立场，又要勇于妥协；

· 既要依靠理性，又要借助感性；

· 既要大胆假设，又要小心求证；

· 既要遵循一般规律，又要考虑具体情境；

· 既要有谨慎保守的作风，又要有果敢决断的气质……

我不认为人工智能在可以预见的将来能做到如此矛盾的思考。明辨是非，是你这个科学思考者的特长。

番外篇 1：贝叶斯方法

贝叶斯方法是一个特别常用、特别重要，也特别值得深思的思想。

如果你对"贝叶斯"这个词还无感，建议你先听一下罗辑思维·启发俱乐部第 182 期《我们到底该信谁?》，罗振宇在里面介绍了贝叶斯。

用一句话概括贝叶斯思想，就是"观点随事实发生改变"。

科学的世界里没有"坚定不移"这一说。卓克老师在他的得到课程"科学思维课"里特别爱说一句话："知识这东西就得经常地核实和订正。"这个道理很简单，你有一个什么信念，当有关这个信念的新事实进来之后，你就得修正这个信念。

那怎么修正呢？坚定不移不对，听风就是雨也不对——科学地修正，就是贝叶斯方法。

为了透彻地理解这个方法，咱们需要下一点硬功夫，稍微用一点数学。用到的数学很简单，就是对概率的加减乘除。这样你就可以把这个方法想透，我相信你会有很大的满足感。当然你也可以跳过数学，那样你就只能收获一点哲学。

贝叶斯方法有点像破案。福尔摩斯爱说自己用的是演绎法，其实不准确。演绎法是按照规则推导一件事的结果；破案是从一具尸体出发，推测是谁杀了他，这是本书前面讲过的"溯因推理"。

贝叶斯方法的本质，也是从结果推测缘故，但它是用数学的方式。你怀疑凶手是老王，但是你没有任何证据，所以你的怀疑度比较低。有一天终于从老王家搜出了凶器，这个证据会使你对老王的怀疑加重，你要更新对老王的怀疑。这就是观点随事实发生改变。

而这首先是个哲学问题。

信仰是一种概率

俗人一说信仰都是坚定不移的，而哲学家会有不同的意见。

1748 年，苏格兰哲学家大卫·休谟写了一篇文章叫《论奇迹》。里面说，像死人复活这种明显违反自然常识的事儿，只有几个目击者说看见了，这个证据是不是有点太弱了？休谟说的其实就是耶稣复活，只是他不敢直接点名。

休谟说的没毛病。平常的事儿我们容易接受，奇迹则需要更强的证据。卡尔·萨根（Carl Edward Sagan）讲过一句话："超乎寻常的论断需要超乎寻常的证据。"

那怎么量化证据和论断的联系呢？解决这个问题的就是我们的主角，托马斯·贝叶斯（Thomas Bayes）。

什么叫"信"，什么叫"不信"呢？贝叶斯说，你对某个假设的相信程度，应该用一个概率来表示——

P（假设）。

$P=1$ 就是绝对相信，$P=0$ 就是绝对不信，$P=15\%$ 就是有一点信。咱们先把信仰给量化。

有了新的证据，我们要更新这个概率，变成——

P（假设 | 证据）。

这个叫条件概率。一般来说，P（$A|B$）的意思是，"在 B 事件是真的条件下，A 事件的概率"。咱们举个例子，A 表示下雨，B 表示带伞。一般来说这个地方不常下雨，所以 P（A）=0.1。但是今天你注意到爱看天气预报的老张上班带了伞，那你就可以推断，今天下雨的概率应该增加——在"老张带伞"这个条件下的下雨概率，就是 P（$A|B$）。

注意，如果我们画个因果关系，缘故→结果（→可以读作"导致"），在这里就是"下雨→带伞"，$A \to B$。它和"老王是凶手→在老王家里找到凶器"，都相当于"假设→证据"。

现在我们想算一下 P（假设 | 证据），从结果倒推缘故，这叫"逆概率"。从缘故推结果容易，从结果推缘故就难了。比如你看见一个小孩向窗户扔

球，你可以估计窗户被打碎的概率有多大，这是"正向概率"，容易推算。但如果你看到窗户碎了，想要推测窗户是怎么碎的，那就非常困难了。

所以，如果咱们要算一个逆概率，该怎么算呢？这就要用上贝叶斯方法了。

贝叶斯公式

为了计算 $P(A|B)$，我们考虑这么一个问题：A 和 B 都发生的概率有多大？

这道题有两个算法。一个算法是先算出 B 发生的概率有多大，是 $P(B)$；再算 B 发生的情况下，A 也发生的概率有多大，是 $P(A|B)$，那么 A、B 都发生的概率，就是把这两个数相乘，结果是 $P(A|B) \times P(B)$。同样的道理，先考虑 A 发生，再考虑 A 发生的条件下 B 也发生，结果是 $P(B|A) \times P(A)$。这两个算法的结果一定相等，$P(A|B) \times P(B) = P(B|A) \times P(A)$，于是得出：

$$P(A|B) = \frac{P(B|A)}{P(B)} \times P(A)$$

这就是贝叶斯公式。

现在咱们来算一个具体的应用。有一名 40 岁的女性去做乳腺癌的检测，检测结果是阳性。那请问，这名女性真得了乳腺癌的概率有多大？

我们用 D 表示她得了乳腺癌，T 表示检测结果为阳性，这个因果关系是乳腺癌导致阳性，$D \rightarrow T$，因此我们要计算的是 $P(D|T)$。根据贝叶斯公式，我们需要 $P(D)$、$P(T)$ 和 $P(T|D)$。

在有新证据之前，$P(D)$ 就是同年龄段女性得乳腺癌的概率，统计表明是 $\frac{1}{700}$。

$P(T|D)$ 是如果这个人真有乳腺癌，她的检测结果为阳性的可能性。这是由检查仪器的敏感度决定的，答案是 73%，仪器并不怎么准确。

$P(T)$ 是随便找个人，检测出阳性的可能性是多大。这个我们没有直接的数据，要拆成这个人有乳腺癌（D）和没有乳腺癌（$\overline{D}$）两种情况，其中 $P(\overline{D}) = 1 - P(D) = \frac{699}{700}$。前面讲了有乳腺

癌、检测为阳性的概率是 73%。而没有乳腺癌的人还可能会被误诊成阳性，已知这个误诊率是 $P(T|\overline{D})$ =12%。于是

$$P(T)=P(T|D) \times P(D)+P(T|\overline{D}) \times P(\overline{D})=12.1\%.$$

把这些数字代入公式，我们最终得到 $P(D|T)=\dfrac{1}{116}$。也就是说，哪怕这名女性被检测出来是乳腺癌阳性，她真得乳腺癌的概率也只有不到 1%。

这是一个非常令人出乎意料的结论，但贝叶斯公式不是什么暗箱操作的魔法，看看下面这张图（图 2）就一目了然了。假设有 3000 名 40 岁的女性，根据前面说的各项数据，其中只有 4 人真有乳腺癌，而被正确检测为阳性的只有 3 人。另一方面，被检测仪器误诊为阳性的，却有 360 人。所以在所有阳性诊断之中，只有不到 1% 的人真有乳腺癌。

出现这种情况的根本原因就在于乳腺癌的患者比例很小，而检测仪器又很不准确。

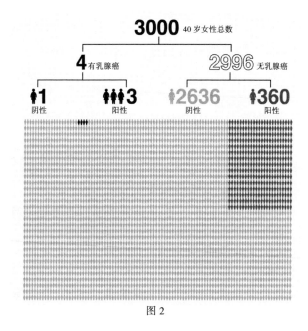

图 2

请注意，如果这名女性本身携带容易得乳腺癌的基因，那我们一开始选用的 $P(D)$ 就不是 $\frac{1}{700}$ 了，而应该是 $\frac{1}{20}$。用这个数字进行计算，最后的 $P(D|T) = \frac{1}{3}$，就非常不一样了。

这是一个关键的问题。一开始，你到底要根据什么选择 $P(D)$ 的数值呢？

那是你的主观判断。

信念的传播

咱们再看一眼贝叶斯公式：

$$P(A|B) = \frac{P(B|A)}{P(B)} \times P(A)$$

右边乘法算式的第一项 $\frac{P(B|A)}{P(B)}$ 有时候被称为"似然比"。那么贝叶斯公式可以写成：

$$P(假设|证据) = 似然比 \times P(假设)$$

你可以把它理解成"观念更新"的公式。$P(假设)$ 是你的老观念，新证据发生之后，你的新观念是 $P(假设|证据)$。新观念等于老观念乘以似然比。

你的观点，随着事实发生了改变。

设想一下，如果每个人的阅历和想法不同，一开始的观点不一样，那么哪怕是面对同样的证据，人们更新之后的观点，也还是不一样的。所以，贝叶斯方法本质上是个主观的判断方法：同样的证据，它允许你有不同的判断。

这就是为什么有很多统计学家攻击贝叶斯方法，人们总是觉得科学方法应该是完全客观的。

但贝叶斯方法实际上是对科学方法的重大升级。

传统的科学方法，是——

· 提出一个理论假设；

· 做实验验证；

· 如果实验结果符合理论，这个理论就暂时站得住脚；如果不符合，理论就被证伪了。

这是非黑即白的剧情，理论要么就继续保留，要么就彻底抛弃。

而贝叶斯方法则是先给理论假设设定一个可信度。新证据并不直接证实或者证伪理论，只是调整可信度的大小，作一个动态的判断。

贝叶斯方法是一种实用主义的态度。我们搞科研的目的并不一定是了解绝对真实的世界——也许绝对真实的世界根本就不可知——我们的目的是通过获取实用的知识，作出尽可能准确的判断和决策。这跟前面说的不追求绝对的因果关系和"为什么"，只追求回答三种实用的因果问题，是一样的道理。

1982 年，珀尔（Judea Pearl）把贝叶斯方法引入了人工智能领域，发明了"贝叶斯网络"。我们说的因果关系网络就是一种贝叶斯网络（图 3）。

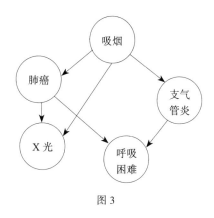

图 3

　　一般的贝叶斯网络并不要求有因果关系，$A \to B$ 仅仅代表从 A 到 B 有条件概率。工程师先给网络上的每一个节点设置一个信念值，然后用大量数据、用贝叶斯方法去更新这些信念值，计算 $P(B|A)$ 或者 $P(A|B)$。每一次出现新数据都能让网络上的信念值更新一遍，这叫作"信念传播"。

　　传统的贝叶斯网络仍然是基于经验的，但是比以前那种暴力式的数据分析要精确得多，用网络结构取代了老式人工智能算法的暗箱操作。贝叶斯网络的计算方法完全适用于因果关系图。

统计学家可能还在争论这个方法到底对不对，但是所有人都得承认贝叶斯方法带来的好处。你用手机打电话，把语音信号变成数字信号，再把数字信号编码再解码，用的就是贝叶斯方法。语音识别，垃圾邮件过滤，油井钻探，FDA 批准新药，Xbox 给你的游戏水平打分……各种你想得到和想不到的应用，都在使用贝叶斯方法。

休谟问了一句"我们到底应该怎么看待证据"，贝叶斯给的答案是一整套玩转世界的方法。

贝叶斯方法——

• 先评估一下自己的信念，设定 P（信念）；

• 等待新证据；

• 证据出来以后，用贝叶斯公式更新自己的信念，计算 P（信念|证据）；

• 继续等待新证据……

不要说什么"坚定不移"，也不要听风就是雨。保持开放心态，让你的观点随事实发生改变，用一个量化的数值决定你的判断。虽然永远都摆脱不了主观的成分，但是你会作出更科学的决策。

番外篇 2：能用愚蠢解释的，就不要用恶意

　　生活中有很多小道理，你如果不满足于一次就事论事，能把这个道理提炼出来，取个名字，就更容易推而广之，成为一个有力的工具。比如我一说"唇亡齿寒""酸葡萄"，你马上就知道是什么意思，这些名词相当于把思维套路封装了起来，方便使用。

　　现在我们经常琢磨博弈论的局面、心理学上的偏误、统计学上的悖论、各种思维模型等，我认为这些东西应该获得像成语典故和寓言故事一样的地位，变成我们的文化基因。

如果每一个士都具有这样的文化基因，那不但方便交流，而且能互相提醒，大大减少犯错，促进科学决策。

汉隆剃刀就是这样一个简单的道理。你肯定知道它，但是你不一定意识到它的威力。

***

讲个故事。研究所领导徐治功给全所发了个邮件，要求所有研究人员在一周之内上报自己这一年来的工作进展。大家都知道这个报告会影响到明年的科研经费，因此都非常认真地准备。结果一周过后，唯独秦奋没有交报告。徐治功说你怎么回事？秦奋说哎呀我忘了。

又过了三天，徐治功又找秦奋，但秦奋还是没写。他居然说又忘了。徐治功非常生气，说秦奋你是在侮辱我的智商吗？你知不知道我拿到你们的报告之后还要综合形成全所的报告，现在我的时间都不够了！啊我明白了，上次评职称没让你过，你报复我是不是？

秦奋说领导我冤枉啊！你知不知道有个法则，叫"汉隆剃刀"？

"汉隆剃刀"大约是在 1990 年由一个叫汉隆（Robert J. Hanlon）的不著名的美国人正式提出来的，但是这个道理前人多有提及。你可以把汉隆剃刀理解成著名的"奥卡姆剃刀"的一个特殊情况。简单地说，它的意思是——

"能解释为愚蠢的，就不要解释为恶意。"

举个例子。比如你今天晚上有个重要的报告要在家里写，正忙得焦头烂额，你三岁的儿子，平时不怎么找你，今天却非得缠着你玩，然后还打碎了一个碗。那你说，他是故意挑这个时候跟你作对吗？

当然不是。他根本不理解你要写报告，他只是碰巧今天想找你玩而已。

为什么上次关蓉蓉过生日，邀请了好几个同事去吃饭庆祝，偏偏没叫你——是她突然因为什么对你有意见，以后不跟你好了吗？

为什么总是很快回复邮件的领导，隔了一天都没回复你那封精心措辞的关键邮件——是因为他不打算继续重用你了吗？

汉隆剃刀说那不太可能。更可能的是关蓉蓉根本没有精心准备生日聚会，那天临时说起来就跟一帮人去了；领导可能根本就没看到你的邮件。

***

汉隆剃刀说的"愚蠢"，代表各种无知的、偶然的、非故意的原因，这些情况发生的可能性远远大于恶意。

咱们先不用说"恶意"，真实生活中连"故意"都很少发生。比如上次你在路上正常开车，有一辆车非常蛮横地从旁边别过你超车，你要不是紧急踩了刹车可能就撞上了。你非常气愤，立即按喇叭表达了愤怒——但是如果冷静地想一想，你就会发现那个人不可能是故意针对你的。他根本就不认识你，他连你长什么样都不知道。

恶意就更少了。如果你跟这个人很熟，平时关系还不错，他有多大可能性突然对你有了恶意呢？如果你们不熟，他更没理由产生恶意。恶意是小概率事件。

而愚蠢——包括忘了、错了、漏了、误会了、累了、被外力耽误了、不知情，或者纯粹就是因为懒——则是大概率事件。其实我们平时很少会精心设计一个什么决策，绝大部分时候都是被惯性、被各种情绪驱动着走，遇到什么事就做什么事，浑浑噩噩，根本没想那么多。但我们一般意识不到自己的愚蠢，可能不经意地就做了一些让人误解的动作。

而人们之所以常常会把别人的不经意动作当成恶意，是因为不会换位思考。我们总是倾向于以为世界上的各种事儿都是围绕自己进行的。你穿一身新衣服上班，设想了同事们的各种反应，殊不知绝大多数人根本没注意。你看身边一个人情绪很不好，以为他是在生你的气，殊不知他只是痛恨中国队为什么又输了。换一个视角，不把自己放在中心，很多事情根本就不是事儿。

***

我看到有人把汉隆剃刀做了拓展 [1]——

- 能解释为愚蠢的，就不要解释为恶意。
- 能解释为无知的，就不要解释为愚蠢。
- 能解释为可原谅的错误的，就不要解释为无知。
- 能用你未知的其他原因解释的，就不要解释为错误。

我看这的确是一个一层比一层更友好，也一层比一层真实可能性更大的序列。有这样的精神，你会减少很多无缘无故的愤怒和压力，你跟他人、跟世界的关系都会更好。

比如有一天晚上你想休息了，隔壁邻居家却还在放很响的音乐。你说他是明知会打扰你，但就是不在乎呢，还是他根本就不知道你能听见音乐声？你最好假设他不知道，这样你就能友好地提醒他一下。而友好的提醒，往往更能起到好效果。

反过来说，如果你非得假设邻居就是对你有恶意，那就或者你自己生闷气，或者你气冲冲地去兴师问罪，把本来不是敌人的也变成了敌人。

***

汉隆剃刀并不是精神胜利法，它在多数情况下反映了客观事实，而且在现代社会越来越有用，特别是在理解公共事务上。

比如你持有的一只股票突然暴跌，你听到一些传闻，说是有"庄家"在恶意炒作。你应该相信这样的阴谋论吗？你要知道，大公司的股价其实是很难操纵的，投入很多资金也不能保证成功，而一旦失败就会损失很多钱。更关键的是，数学上早就证明了，哪怕市场上的每个人都是相当理性的，在没有任何新闻的情况下，这些人的互动、一番追涨杀跌，也能让股价有很大的波动。

所以金融作家道格拉斯·哈伯德（Douglas Hubbard）提出了一个金融版的汉隆剃刀 [2]——

"能用一群人在复杂系统中的互动解释的，就不要解释为恶意或者愚蠢。"

再比如说特朗普某天又在 Twitter 上发表了一番奇怪的言论，他为什么要么说呢？是在为即将到来的重大行动做舆论铺垫吗？很可能不是。特朗普整天发表怪异言论。而且不光是特朗普，只要是人，只要经常说话，就难免会说一些情绪化的、没什么意义的话。政治专栏作家拉梅什·蓬努尔（Ramesh Ponnuru）提出了一个大人物版汉隆剃刀[3]——

"能解释为情绪的，就不要解释为策略。"

汉隆剃刀最有价值的用法其实还不是对个人而言，而是对一个组织。我们为了认知方便，常常会有意无意地把一个公司或者一个政府当作一个人，假设它有自由意志。其实它最多只是一部机器。

而这部机器最擅长的是常规的项目。一个组织的目标是用有限的成本和普通的人才去做好大部分常规的事情。如果一家公司一年花 2000 万元人民币就能做好 80% 的事情，而想做好剩下那 20% 得多投入 8000 万元，那这个公司最好的做法是放弃那 20%。

好几年前，有人偶然发现用谷歌搜索奥巴马夫人米歇尔的名字时，跳出来的一个图片结果居然是大猩猩。很多人表示愤慨，纷纷指责谷歌搞种族歧视。可是谷歌说，我们搜索引擎是自动的。我们不可能用人力一张一张识别米歇尔的照片。

很多时候你以为是这个组织在有意做坏事，其实更可能是它没能力杜绝坏事。再比如说马航MH370 航班失踪事件刚发生的时候，很多人指责马来西亚政府，说你们怎么管的？居然能让这种事情发生？是不是有阴谋？结果还是马来西亚当地记者比较了解自己的政府，说我们马来西亚政府真不是搞阴谋的料，我们是真管不了。

其实很多政府都这样，日常的操作中就已经有大量的愚蠢和错误，要是赶上什么天灾那就更是应对不暇。

所以英国前首席新闻秘书伯纳德·英厄姆爵士（Sir Bernard Ingham）有这样一段话，深合汉隆剃刀的精神——

"许多记者沉醉在政府阴谋论中。我可以担保，如果他们支持的是'政府搞砸论'，报道就会更准确一些。"

***

难道世界上就没有阴谋、没有恶意吗？当然不是。但是我们必须了解，阴谋和恶意都是罕见的。超出寻常的论断需要超出寻常的证据。你必须跟这个人一而再，再而三地互动，最好直接对话，才能确定他有恶意。

而且别忘了托马斯·谢林（Thomas C. Schelling）说的[4]，哪怕是像冷战时美苏对峙那样的局面，都应该建立一个热线电话，防止误判。

因为真正的恶意攻击很不容易发生，而对恶意的误判则实在太容易发生了。

归根结底，我们平时做事最好像搞科研一样：只处理事实，不猜测动机。人做一件事可以有好几个动机，也可能根本没动机，最常见的情况是这个人自己都不知道自己有什么动机。与其推测动机，还不如摸清他做事的规律，跟他建立互信机制。

徐治功还是有点将信将疑，他说秦奋，就算你没有恶意，可是这么大的事儿，你怎么还能忘两次呢？秦奋说这很正常啊。秦晖先生你听说过吧？那可是著名历史学家。他当年因为在图书馆读书，连约好了跟未婚妻去拍结婚照都忘了。

徐治功说还有这等事？秦奋说那当然，明朝王阳明结婚当天读书，连入洞房都忘了。我这几天钻研一个大课题入迷了，忘了你这个报告不是很正常吗？

徐治功大为叹服，说："看来健忘也是智商高的特征啊！"

番外篇 3：叙事的较量

在"怎样用真相误导"一节，我们讲到了事实对人心的影响。理想的叙事应该给事实、只给事实，而且给全部的事实。然而有这么一门常用的功夫，却是专门给"部分的事实"。

有一个真实的案例，曾经震惊中外，将来必定也会被一代代人反复讨论。它反映了"部分的事实"有多厉害，我看应该把它写进教科书，让每一个想要理解世间事物之复杂性的人好好学习。这就是曾国藩主持办理的"天津教案"。

关于天津教案的记载和论述极多，我们这里重点考察其中各方在"叙事"上的较量。

***

大清同治九年（1870 年）的夏天，天津望海楼天主教堂办的育婴堂里接连死了几十名儿童。望海楼是法国天主教会建的，育婴堂是个慈善机构，死的都是中国的孤儿。现在各方公认的说法是，这些儿童死亡是因为当时的天津传染病流行。

之后，儿童尸体被草草掩埋，又被野狗挖出来，弄得肢体不全，引发了民众围观。此前中国民众本来就在质疑育婴堂为什么要大量收容婴儿和病人，这回更引发了"天主教挖眼剖心"、用儿童的眼睛制药这样的阴谋论。正好又赶上有个民间组织抓到两个人贩子，从身上搜出了迷药，人贩子说迷药是望海楼教堂给的。于是民众群情激奋，要求政府给个说法。

天津知府张光藻贴出了一份告示，其中关键一句是这么说的："风闻该犯多人，受人嘱托，散布四方，迷拐幼孩取脑挖眼剖心，以作配药之用。"

你体会一下这句话。天津地方政府没有撒谎。它没说教会真的取脑挖眼剖心配药，它甚至都没提"教会"二字，它说的是"风闻"。但是政府正式文告这么说，本身就是强烈的暗示。天津百姓怒了。

民众到法国教堂找洋人对质，洋人拒不承认，民众越聚越多，最后达到了上万人。法国驻天津总领事丰大业，找到天津三口通商大臣崇厚，要求立即派兵弹压。双方越说越激动，丰大业竟然对崇厚开枪，没打中。然后丰大业自己带人前往教堂，正好赶上天津知县刘杰也来疏散民众。丰大业指责刘杰办事不力，又向刘杰开枪，打伤了刘杰的家丁。围观民众大怒，当场打死丰大业和他的秘书，血洗了教堂……总共杀死了近 20 个外国人和超过 30 个中国信徒。

***

我们今天看，教堂在这件事里是无辜的。中国官员和民众第一次前往对质的时候，神父热情相待，对各方面情况充分介绍，处理得没什么问题。

不远万里跑到中国来搞慈善，最后得了这么个结果，特别是死了十名修女，哪个国家也接受不了。

但是——请注意，这个"但是"非常重要，等一会儿你就知道为什么了——但是，中国民众仇视教堂的情绪也是可以理解的。教会到中国来并不仅仅是为了传教和慈善，教堂帮助了一部分中国人的同时也伤害了——或者至少是侵犯了一部分中国人的利益。教堂跟中国士绅阶层有权力和价值观的结构性冲突。更关键的是，教堂在中国是一支特权力量——同治年间大小教案百余起，大清政府每一次都选择了屈服[1]。

所以当时教堂在中国面对的情绪是政府不敢管，士绅暗中反对，民族意识觉醒的普通民众则明着反对。天津教案把矛盾彻底激发出来了。法国政府联合英、美等国向清政府提出强烈抗议，要求处死天津知府张光藻、知县刘杰和提督陈国瑞，给教堂方死者抵命，否则就要把海军调过来，有可能开战。

清廷的态度一开始是矛盾的。醇郡王和内阁中书李如松等人主张民心可用，干脆借着这股情绪，跟法国干就完事儿了。而恭亲王奕䜣是干实事儿的，知道这仗不能打，主张以妥协求和局。慈禧太后文化程度低，可能内心有点相信洋人真的残害了中国人，但是自己又怕，最后同意了妥协策略。

清廷给本案负责人、直隶总督曾国藩的精神是"消弭衅端、委曲求全"，从而"使民心允服，始能中外相安"[2]。

既要民心允服，又要中外相安，这在当时的局面下是个自相矛盾的要求。如果你是曾国藩，你怎么办？

面对自相矛盾的要求，处理的最佳结果一定是自相矛盾的——这个结果好不好，完全取决于别人想怎么评价你。曾国藩的命运已经注定不能掌握在自己手中。

当时曾国藩六十岁，患有严重肝病，右眼还完全失明，正在休病假。他早就提出要退休，但是不被批准，这件事儿他不办也得办。洋人、朝廷、百姓本来就是石头剪子布的三方矛盾关系，现在曾国藩却必须对三方都有一个交代。

给交代就是给说法，给说法就要靠叙事的功

夫。曾国藩表现出了极其高明的叙事功夫。

对朝廷，曾国藩首先表态：第一，洋人确实占据主动，所以我得"当量予以转圜"；第二，我该硬会硬的，"亦必据理驳斥"；第三，洋人要打，我们确实最好不打，但是我们也不能不准备，所以命令李鸿章从陕西带兵过来做个准备。这个表态有理有利有节，没问题吧？

对洋人，曾国藩选择先把事实调查清楚，给个公道。曾国藩发出公告，说谁亲眼看见洋人挖眼剖心了，或者谁有明确证据的，可以举报，结果一个人都没有。曾国藩又通告说天津城流传孩子被拐的传闻，谁家真的丢孩子了可以来报告，结果也一个都没有。曾国藩又审问了从仁慈堂里"救出"的妇女、幼孩一百余人，都说"系多年入教、送堂豢养，并无被拐情事"。

曾国藩采取了就事论事的态度，最后处理结果是把暴徒二十人判死刑，二十五人流放，天津知府、知县发配黑龙江，赔偿各国白银大约五十万两，然后崇厚亲赴法国道歉。曾国藩坚持案件必须按照中国法律判决，可以说维护了国家主权。

法国对这个结果不满意，但是正好赶上普法战争爆发，法国无暇东顾，最终同意不杀中国官员。曾国藩本来不认为二十个人都应该判死刑，但是奕䜣给了个政策，说"抵命之数宜略增于伤毙之数，否则我欲一命抵一命，恐彼转欲一官抵一官，将来更费周折"。

对百姓和公共舆论，曾国藩也必须给一个说法。然而这个说法发生了一个转折，可以说最终要了曾国藩的命。

案情清楚之后，曾国藩上了一道奏折，叫作《查明天津教案大概情形折》。曾国藩知道这份奏折将会被公之于天下，等于是对整个事件的定性，他必须写好。而且他知道，这份奏折将会决定世人对他在这个事件中扮演的角色的评价。

曾国藩在奏折中给洋人教堂洗清了名誉，明确教堂没做过"杀孩坏尸、采生配药"的事情。为了确保政治正确，他还特别说了一句："天主教本系劝人为善，圣祖仁皇帝时久经允行，倘戕害民生若是之惨，岂能容于康熙之世？"这可不是我曾国藩说天主教好话，康熙皇帝都是允许了的。

曾国藩这个定性体现了他作为大臣的责任感。"采生配药"的传闻如果说不明白，将来还会有传言，还会继续发生教案。曾国藩想要稍微弥补一下洋人和百姓之间的隔阂。这没毛病吧？可是你作为中国官员，不能只为洋人说话，不为百姓说话啊。

于是曾国藩在奏折中加了一个大大的"但是"。

曾国藩说中国民众强烈反感教堂，这也是可以理解的，因为教堂做事的确有点怪异。比如说，为什么教堂的大门平时总关着呢？为什么你们给人治好了病不让人回家，非得让人信教呢？为什么濒死的人都要被洗礼呢？为什么有的母子同在教堂，却经年不让相见呢？再加上教堂死人过多，才导致流言大起。曾国藩把这些疑点称为"五疑"，说你教堂也有责任，中国百姓是被你们误导了。

这个表态可以说同时照顾了洋人和百姓的情绪，而且为将来类似问题的处理做出了样板，绝对可以说是公忠体国了。

然而清廷辜负了曾国藩。

朝廷按照曾国藩的意见该杀人杀人、该赔偿赔偿了，但是从未发布官方文件，明确说明以前传闻洋人教堂"采生配药"都是假的。在普通人看来，这就意味着为洋人开脱是曾国藩的个人意见，朝廷是被逼无奈，才不敢处理教堂。

更让曾国藩万万没想到的是，朝廷在《邸报》发表他的奏折时，故意删除了他那段"五疑"的"但是"。没有了这一段，曾国藩就是只为洋人说话，不为百姓做主。

这简直匪夷所思。我们作为现代人怎么也理解不了，一位朝廷重臣的文章，竟然能被人这么删。

曾国藩想说全部的事实，朝廷只让他说部分的事实。

***

后世史家分析[3]，清廷是故意借天津教案这个事儿对曾国藩的威望做沉重一击。曾国藩平定太平天国功劳太大，他的湘军势力就算不是朝廷的威胁，也已经成了沉重的负担。让曾国藩离开湘军去当直隶总督，让一个外人——马新贻——去当两江总督，直接在湘军的地盘上整治湘军，就已经是在打击曾国藩了。

曾国藩完全知道"权臣不得善终"这个政治规律，他想干脆不管了，我光荣退休，行不行？不行，退休的曾国藩也是湘军精神领袖。有污点的曾国藩才是让人放心的好大臣。天津教案正好是个机会。

不过在我看来，按照清廷的一贯行为模式，就算没有曾国藩，这个事儿也必须有人背锅。大清政府怎么可能屈服于洋人呢？必须是某大臣卖国。就在曾国藩处理天津教案期间，两江总督马新贻遇刺身亡，朝廷不得不调曾国藩回去做两江总督。但是接替曾国藩当直隶总督的李鸿章，却迟迟不肯上任：你曾国藩必须把教案处理完了我再接手，这个锅必须你背。

如果是你，请问你怎么办？难道举行中外记者招待会说明情况吗？难道等过几年退休了出个回忆录吗？那是绝对不允许的，别忘了你的门生故旧、你兄弟你儿子都还在官场。曾国藩不可能跟朝廷翻脸，有的游戏是想退出都不行。

曾国藩成了全民公敌。他在写给朋友们的信里一提到这件事，就一定会说八个字："外惭清议，内疚神明。"我认了，这锅我背着了。

据法国代理天津领事说，中国对天津教案犯人执行死刑当天的刑场上，群众云集[4]——

"犯人们向一批批群众高声叫喊，问：'我们面可改色？'大伙立刻齐声回答：'没有！没有！'他们控诉当官的把他们的头出卖给洋人，叫人们用'好汉'的称呼来表示对他们的尊敬，人们当即同声高呼。"

天津教案两年后，曾国藩在国人的骂声中病死。

天津教案八年后，曾国藩的儿子曾纪泽出任驻英国和法国公使，临行前受到慈禧太后的召见。曾纪泽想趁机给父亲争取一个公正的评价。他再次提出，曾国藩临死前整天说自己"外惭清议，内疚神明"。慈禧听罢，终于说了一句："曾国藩真是公忠体国之人。"

***

曾国藩叙事功夫炉火纯青，却落得个天津教案的大输家。但是，真实的复杂里没有赢家。

教堂在中国的事儿仍然没解决。天津教案三十年后，义和团运动爆发，又是望海楼教堂出事，最终以八国联军进北京作为结局。这一次，朝廷和百姓都是输家。

李鸿章躲过了天津教案的锅，殊不知还有《马关条约》和《辛丑条约》两个更大的锅等着他去背。

注释

1. 谁需要思考

[1] Hugo Mercier, *Not Born Yesterday*：*The Science of Who We Trust and What We Believe,* Princeton University Press, 2020.

[2] 这两个医学例子来自 ［英］玛格丽特·麦卡特尼：《病患悖论：为什么"过度"医疗不利于你的健康？》，潘驿炜译，中国社会科学出版社 2020 年版。

[3] Eliezer Yudkowsky, *Inadequate Equilibria*：*Where and How Civilizations Get Stuck,* Machine Intelligence Research Institute, 2017.

[4] 网络用语，指毁掉某人的兴致。

2. 别指望奇迹

[1] Emily M. Zitek, Alexander H. Jordan, Individuals Higher in Psychological Entitlement Respond to Bad Luck with Anger, *Personality and Individual Differences,* 168 (2021).

3. 满腔热忱，一厢情愿

［1］Anthony Bastardi, Eric Luis Uhlmann, Lee Ross, Wishful Thinking: Belief, Desire, and the Motivated Evaluation of Scientific Evidence, *Psycho logical Science,* 22 (2011).

［2］Cathleen O'Grady, Misconduct Allegations Push Psychology Hero Off His Pedestal, *Science*, https://www.sciencemag.org/news/2020/07/misconduct-allegations-push-psychology-hero-his-pedestal, retrieved Oct.26, 2020.

［3］这些研究结论来自美国癌症学会网站 https://www.cancer.org/cancer/cancer-basics/attitudes-and-cancer.html，"果壳网"的蕨代霜蛟写了一个编译版，《乐观就能战胜癌症吗？》https://www.guokr.com/article/438568/，2020 年 10 月 26 日访问。

［4］［美］罗伯特·杰维斯：《国际政治中的知觉与错误知觉》，秦亚青译，上海人民出版社 2015 年版。

4. 圈里的人和组合的人

［1］［英］保罗·威利斯：《学做工：工人阶级子弟为何继承父业》，秘舒、凌旻华译，译林出版社 2013 年版。

［2］C.S. Lewis, *The Inner Ring, in The Weight of Glory and Other Addresses,* HarperOne, 2001.

[3] 同上。

[4] Alan Jacobs, *How to Think：A Survival Guide for a World at Odds,* Currency, 2017. 有中文版《喧哗的大多数》（2020）。

5. 人生不是戏

[1][英]尼克·查特：《思维是平的》，杨旭译，中信出版集团 2020 年版。

[2] Joann Muller, *Traffic Fatality Rates Spiked During the Pandemic,* https：//www.axios.com/traffic-fatality-rates-spike-during-pandemic-fb4e462d-d258-4c8f-84f3-59a667299fdf.html, retrieved Nov 1, 2020.

[3] 比如说，榴弹怕水的《绍宋》。

[4] Morgan Housel, *Lots of Things Happening At Once,* https：//www.collaborativefund.com/blog/lots-of-things-happening-at-once/, retrieved Nov 1, 2020.

6. 我们是复杂的，他们是简单的

[1][美]罗伯特·杰维斯：《国际政治中的知觉与错误知觉》，秦亚青译，上海人民出版社 2015 年版。本节国际政治的例子来自此书。

［2］Bruce Bueno de Mesquita, *The Predictioneer's Game*：*Using the Logic of Brazen Self-Interest to See and Shape the Future,* Random House, 2009.

［3］同上。

7. 批判的起点是智识的诚实

［1］得到 App 上卓克的"科技参考"专栏对此有一篇分析文章——《核污染：福岛核电站要向太平洋排污？》。

［2］https://en.wikipedia.org/wiki/List_of_cognitive_biases.

［3］Jonah Lehrer, *How We Decide,* Mariner Book, 2009.

［4］这个故事的详情见 Malcolm Gladwell, The Big Man Can't Shoot, Rivisionist History, http：//revisionisthistory. com/episodes/03-the-big-man-cant-shoot；知乎的"西界 WestDistrict"有全文翻译，https：//zhuanlan.zhihu.com/p/48057866，2020 年 11 月 7 日访问。

［5］Steven D. Levitt, Stephen J. Dubner, *Think Like a Freak*：*The Authors of Freakonomics Offer to Retrain Your Brain,* William Morrow Paperbacks, 2014.

8. 立场、事实和观点

[1] 当然，现在中国语文老师中有些有识之士，已经意识到了通过作文教批判性思维的必要性。比如上海市特级教师余党绪便著有《祛魅与祛蔽：批判性思维与中学语文思辨读写》一书。

[2] 参见得到 App 专栏"李翔知识内参"中的一篇文章：《区分事实与观点，要从小抓起》。

[3] 原文为：Well when events change, I change my mind. What do you do? 此事的考证见于 https://quoteinvestigator. com/2011/07/22/keynes-change-mind/，2020 年 11 月 8 日访问。

9. 语言、换位和妥协

[1] Robert J. Aumann, Agreeing to Disagree, *The Annals of Statistics*. 4 (6)（1976）. 我在《万万没想到》一书中讲过这个定理。

[2][英]蕾秋·乔伊斯：《一千亿种生活》，北京联合出版公司 2020 年版。

[3][美]艾伦·雅各布斯：《喧哗的大多数》，中信出版集团 2020 年版。

［4］原文为：Never forget that compromise is not a dirty word。这句话最早出自英国银行家尼古拉斯·温顿爵士（Sir Nicholas George Winton），他在第二次世界大战中解救过 669 名儿童。

10. 怎样用真相误导

［1］这个故事流传极广，但是据考证，这不是真的。参见刘江华：《曾国藩是否上过"屡败屡战"折？》，https：//www.sohu.com/a/140623060_772373。

［2］"信布"有个典故。《三国志·杨阜传》中杨阜曾对曹操说："超有信、布之勇，甚得羌、胡心，西州畏之。"这里的信布，有人认为是指纪信和栾布，都是忠臣；但也有人认为是韩信和英布，那样的话性质就变了。

［3］Hector MacDonald, *Truth*：*How the Many Sides to Every Story Shape Our Reality,* Little, Brown Spark, 2018. 有中文版《后真相时代》（2019）。

11. 三个信念和一个愿望

［1］Eugene Wigner, The Unreasonable Effectiveness of Mathematics in the Natural Sciences, *Communications in Pure and Applied Mathematics,* 13 (1960).

［2］关于这一点的详细论述，可以参考吴国盛：《什么是科学》，广东人民出版社 2016 年版。

［3］刘大椿等：《中国近现代科技转型的历史轨迹与哲学反思第二卷：师夷长技》，中国人民大学出版社 2019 年版。

12. 奥卡姆剃刀

［1］原文为：We are to admit no more causes of natural things than such as are both true and sufficient to explain their appearances。

［2］张蔚：《犯罪心理分析：恶的群像及如何远离》，中国法制出版社 2020 年版。

［3］［英］尼克·查特：《思维是平的》，杨旭译，中信出版集团 2020 年版。

13. 我们为什么相信科学

［1］*How We Think.* 中文版为［美］约翰·杜威：《我们如何思维》，王文印译，天地出版社 2019 年版。中国学者胡适、冯友兰、陶行知等人都深受杜威影响。杜威的书至今仍然在卖，类似的还有《我们如何正确思维》（2016）等，可谓经久不衰。

［2］Lee McIntyre, *The Scientific Attitude：Defending*

Science from Denial, Fraud, and Pseudoscience, The MIT Press, 2019.

［3］费曼关于此事的评论见于 Richard Feynman, *Surely You're Joking Mr. Feynman*：*Adventures of a Curious Character,* W. W. Norton & Company,1985 中的 Cargo Cult Science 一节。

［4］普朗克有句名言："新科学事实之所以胜出，并不是因为反对者都被说服了，而是因为反对者最终都死了，然后熟悉这个事实的新一代人长大了。（A new scientific truth does not triumph by convincing its opponents and making them see the light, but rather because its opponents eventually die, and a new generation grows up that is familiar with it.）"

［5］Naomi Oreskes, *Why Trust Science?,* Princeton University Press ,2019.

14. 演绎法和归纳法

［1］三个例子都来自 Naomi Oreskes, *Why Trust Science?,* Princeton University Press, 2019.

［2］Edward H. Clarke, *Sex in Education*; *or, a Fair Chance for Girls*, Pinnacle Press, 2017.

15. 科学结论的程序正义

［1］据新华社 2020 年 11 月报道，陈秀雄、王兵证明了"哈密尔顿－田"和"偏零阶估计"这两个国际数学界二十多年来悬而未决的核心猜想。

［2］更详细的说明可以参考"精英日课"第二季："$P<0.05$：科学家的隐藏动机"。

［3］Carl Bialik, Relatively Small Number of Deaths Have Big Impact in Pfizer Drug Trial, *The Wall Street Journal,* Dec.6, 2006.

16. 优秀表现需要综合了解

［1］原文为：If you find yourself in a fair fight, you didn't plan your mission properly。出自 David Hackworth。

［2］Daniel Russell, *The Joy of Search：A Google Insider's Guide to Going Beyond the Basics,* The MIT Press, 2019.

［3］Eliezer Yudkowsky, *Inadequate Equilibria：Where and How Civilizations Get Stuck,* Machine Intelligence Research Institute, 2017.

［4］［美］威廉·德雷谢维奇：《优秀的绵羊》，林杰译，九州出版社 2016 年版。

17. 生活中的观察和假设

［1］Don K. Mak, Angela T. Mak, Anthony B. Mak, *Solving Everyday Problems with the Scientific Method：Thinking Like a Scientist,* World Scientific Publishing Company, 2009. 有简体中文版《像科学家一样思考》（2010），繁体中文版《用科學方法解決日常生活大大小小的難題》（2011）。

18. 拒绝现状，大胆实验

［1］Scott Adams, *How to Fail at Almost Everything and Still Win Big,* Portfolio, 2014.

［2］Eliezer Yudkowsky, *Inadequate Equilibria：Where and How Civilizations Get Stuck,* Machine Intelligence Research Institute, 2017.

［3］Don K. Mak, Angela T. Mak, Anthony B. Mak, *Solving Everyday Problems with the Scientific Method：Thinking Like a Scientist,* World Scientific Publishing Company, 2009.

［4］Peter H. Diamandis, Steven Kotler, *The Future is Faster than You Think：How Converging Technologies are Disrupting Business, Industries, and Our Lives,* Simon & Schuster, 2020.

［5］我买的这个东西叫 LIFTiD Neurostimulation。国内已经有类似产品，搜索 tDCS 就可以。再次强调，我试用的结果是没用。

19. 公平和正义的难题

[1] Robert M. Sapolsky, *Behave*: *The Biology of Humans at Our Best and Worst,* Penguin Press, 2017. 有关自由意志的说法请参考 "精英日课"："行为 15：自由意志是个难以接受的推论"。

[2] Judea Pearl, *The Book of Why*: *The New Science of Cause and Effect,* Basic Books, 2018. 有中文版《为什么：因果关系的新科学》（2019）。

20. 怎样从固定事实推测真相

[1] 参考，并且强烈推荐 [美] 阿兰·梅吉尔：《历史知识与历史谬误：当代史学实践导论》，黄红霞、赵晗译，北京大学出版社 2019 年版。

[2] 前三个标准来自科学哲学家保罗·萨加德（Paul Thagard），第四个标准来自历史学家，这些都见于文献 [1]。这些标准在法学上的应用，参考徐梦醒：《法律论证规则研究》，中国政法大学出版社 2017 年版。

[3] 最高人民法院 2017 年 6 月 5 日微博：《十年前彭宇案的真相是什么？》，https://weibo.com/3908755088/F7TWtpb 3w?from=page_1001063908755088_profile&wvr=6&mod=weibo time&type=comment#_rnd1629436889627，2020 年 12 月 6 日访问。

［4］见文献［1］。而且，在1998年，有人把海明斯的几个后代和杰斐逊的叔叔做了DNA比对，发现莎丽·海明斯的最后一个儿子——埃斯顿·海明斯（Eston Hemings）的父亲几乎可以确定是杰斐逊家族中的人，所以现在事实基本上清楚了。

21. 神来之类比

［1］［美］布鲁克·诺埃尔·摩尔等：《批判性思维》（原书第10版），朱素梅译，机械工业出版社2014年版。

［2］［美］尼尔·布朗，［英］斯图尔特·霍尔：《学会提问》（原书第11版），吴礼敬译，机械工业出版社2019年版。

［3］［美］理查德·保罗：《思辨与立场：生活中无处不在的批判性思维工具》，李小平译，中国人民大学出版社2016年版。

［4］Eugenia Cheng, *The Art of Logic in an Illogical World*, Basic Books, 2018.

［5］Douglas R. Hofstadter, Emmanuel Sander, *Surfaces and Essences：Analogy as the Fuel and Fire of Thinking,* Basic Books, 2013. 中文版为［美］侯世达，［法］桑德尔：《表象与本质》（2018）。

［6］bossmen：《史诗般总结——查理芒格的100个思维模型（完整版）》，载芒格学院，https://www.madewill.com/thinkingmodel/100-mental-models.html，2020 年 12 月 7 日访问。

［7］［美］斯科特·佩奇：《模型思维》，贾拥民译，浙江人民出版社 2019 年版。

22. 两条歧路和一个心法

［1］王小波：《沉默的大多数》序言，中国青年出版社 1997 年版。这篇序写于他去世前 22 天。《沉默的大多数》是一本明辨是非的书。

［2］关于这些研究的一个总结见于 Gwen Dewar, *Teaching critical thinking: An Evidence-Based Guide,* https://www.parentingscience.com/teaching-critical-thinking.html，2020 年 12 月 8 日访问。

［3］一个综述见于 Jill Barshay, Scientific Research on How to Teach Critical Thinking Contradicts Education Trends, *The Hechinger Report,* https://hechingerreport.org/scientific-research-on-how-to-teach-critical-thinking-contradicts-education-trends/，2020 年 12 月 8 日访问。

番外篇 2：能用愚蠢解释的，就不要用恶意

［1］出自 rwallace 在 LessWrong 博客的一个评论，https：

//www.lesswrong.com/posts/GG2rtBReAm6o3mrtn/defecting-by-accident-a-flaw-common-to-analytical-people?commentId=uJYobM8MLWLpM3cAT，2020 年 3 月 2 日访问。

［2］Douglas Hubbard, *The Failure of Risk Management：Why It's Broken and How to Fix It,* Wiley, 2009.

［3］https：//www.bloomberg.com/opinion/articles/2016-01-25/cruz-hating-republicans-need-a-reality-check，2020 年 3 月 2 日访问。

［4］见"精英日课"第三季："问答：人固有好博弈论而长贫贱者乎？"

番外篇 3：叙事的较量

［1］李扬帆：《走出晚清：涉外人物及中国的世界观念之研究（第二版）》，北京大学出版社 2012 年版。

［2］办案过程的详细情况，张宏杰《曾国藩传》（2018）说得很好。本处至注释［3］之前引文均出自该书。

［3］邱涛：《同光年间湘淮分野与晚清权力格局变迁（1862～1895）》，社会科学文献出版社 2018 年版。

［4］姜涛等：《中国近代通史（第二卷）》，江苏人民出版社 2009 年版。